사람 중심의 서울시 뉴타운·재개발 이야기

주민에게 듣다

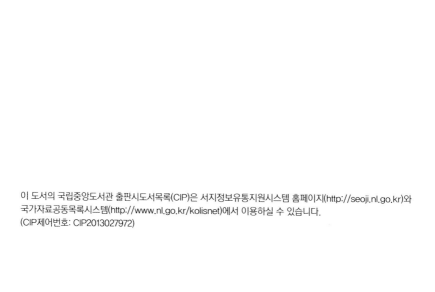

이 도서의 국립중앙도서관 출판시도서목록(CIP)은 서지정보유통지원시스템 홈페이지(http://seoji.nl.go.kr)와
국가자료공동목록시스템(http://www.nl.go.kr/kolisnet)에서 이용하실 수 있습니다.
(CIP제어번호: CIP2013027972)

사람 중심의 서울시 뉴타운·재개발 이야기

주민에게 듣다

| 서울시 주택정책실 기획·글 |

'사람과 장소 중심의 주거정비', 역시 시민이 주인입니다

서울시는 지역 경관을 살리고 이웃과 소통할 수 있는 사람과 장소 중심의 주거정비사업을 추진해 오고 있습니다. 무엇보다 주거정비의 패러다임을 기존 소유자 중심에서 거주자 중심으로, 전면철거 방식에서 보전·관리방식으로 전환했는데, 그 중심은 바로 사람과 장소였습니다.

조합원과 담당 공무원이 들려주는 서울시 주거정비사업 이야기를 엮은 이 책은 이분들의 경험을 공유함으로써 앞으로 주거정비사업을 희망하는 시민이 더 바람직한 사업을 하도록 돕고자 발간한 책입니다. 좋은 사례를 함께 보고, 함께 나눔으로써 더 좋은 주거환경과 공동체를 만들고자 한 것입니다.

이 책에 담긴 사례들이 모든 측면에서 완벽한 사례들이라고 할 수는 없습니다. 시각에 따라 다양한 평가들을 할 수 있을 것입니다. 한 가지 측면에서는 바람직하나 또 다른 측면에서는 그렇지 않은 경우도 있습니다. 하지만 일부분이라도 공유할 가치가 있는 사례를 찾아 소개함으로써 더 투명하고 더 나은 방향으로 주거정비사업이 추진되는 데 디딤돌이 되고자 했기에 이 책의 발간을 서둘렀습니다.

관련법이나 제도가 많이 바뀌어서 지금과 다른 상황에서 사업이 진행되었던 이야기들도 포함되어 있고, 각자 처한 여건과 상황이 모두 다르기 때문에 다른 구역의 사례는 무의미한 경우도 있습니다. 구역 간의 단순한 비교도 의미가 없습니다.

하지만 사례들의 대부분은 사업을 추진하는 사람들의 마음가짐과 개인적인 노력 그리고 고민들에 대한 것들이기 때문에 관련법과 상황이 바뀌어도 의미 있는 사례라고 할 수 있습니다.

더불어 일선에서 주민들을 위해 좋은 아이디어로 노력하고 지원해주는 구청의 이야기도 실었습니다. 그동안의 성과와 아쉬운 점 등 솔직한 이야기들을 진심으로 해주신 많은 분들께 감사의 말씀을 전합니다.

사업을 주도하는 주민들뿐만 아니라 참여하고 있는 모든 분들이 함께 다른 사업구역의 이야기를 나누며 바람직한 주거정비사업에 대해 생각해 볼 수 있는 소중한 기회가 되길 바랍니다.

'주거정비사업'에 있어서도 역시 시민이 시장입니다!

서울특별시 시장

결국 문제를 해결하는 것은 '사람'입니다

　　2013년은 서울시 주거정비사업 행정에 있어 많은 변화가 있었던 해였습니다. 뉴타운·재개발에 대한 주민들의 신뢰 확보와 합의에 바탕을 둔 진로 결정의 첫 단추였던 실태조사가 1년 6개월여 만에 마무리 단계로 접어들고 있습니다. 서울시는 앞으로도 주민들이 공감하는 방향으로 정비사업이 진행되도록 갈 곳과 멈출 곳을 구분해 해당 정비구역에 맞는 적극적인 공공의 지원을 펼쳐 나갈 예정입니다.

　　서울시에는 아직도 많은 지역에서 주거정비사업이 추진되고 있습니다. 서울시는 주거정비사업이 부동산 경기 등의 영향과 주민 갈등으로 지지부진한 가운데, 주민들의 대다수가 사업을 진행하길 원하는 지역에는 다양한 공공 지원을 제공하는 방안을 모색하고 있습니다. 모범조합과는 투명 협약을 체결하고 공공자금 융자 금리를 인하하는 인센티브를 제공하고자 합니다. 더불어 서울시 클린업 시스템에 '조합 칭찬' 코너를 운영하고 있습니다.

　　정비사업이 원활하게 진행되기 위해서는 여러 가지 요소들이 필수적이나 그 중 사업 집행부의 역할은 아무리 강조해도 지나치지 않을 것입니다. 그렇기 때문에 조합 집행부의 관점에서 경험을 공유하는 것은 우수 사례를 만드는 가장 효과적인 방법이라고 할 수 있습니다. 이 책은 정비사업을 기간이나 사업성 등의 데이터로 분석하지 않았습니다. 문제를 해결하는 중요한 요소 중의 하나는 사람이라는 것을 보여 주고자 하였습니다.

더불어 모범 구역에 대한 정의에 대해 한번쯤 생각해 볼 수 있는 책입니다. 모범적으로 조합을 운영해도 사업에는 실패할 수 있습니다. 조금 불투명하게 조합을 운영해도 사업에 성공할 수 있었습니다. 하지만 지금은 모두 옛이야기입니다. 이제는 주민들의 수준도 높아졌고 서울시도 주민들에게 많은 정보를 제공하고자 지원하고 있습니다. 불투명하게 조합을 운영하는 것 자체가 불가능합니다. 높은 주민 동의율과 투명한 조합 운영, 효율적인 사업계획, 사업성에 대한 주민들의 냉정한 판단, 공공의 다각적인 지원 등 모든 것이 확보되지 않으면 사업을 추진할 수 없는 상황입니다.

주거정비사업은 사업의 성공을 담보하기가 매우 어려운 측면이 있습니다. 어제의 문제 구역이 오늘의 우수 구역이 될 수 있고, 어제의 우수 구역이 오늘의 문제 구역이 될 수 있습니다. 경제상황도 변화할 수 있고 주변 지역의 여건 변화나 제도 변화도 예측하기 어렵습니다. 하지만 인력으로 어쩔 수 없는 상황이 닥치더라도 사람들의 힘이 합쳐진다면 결국 이 문제를 해결해 나가는 것 같습니다. 사업성에 큰 차이가 없는 구역도 사람에 따라 전혀 다른 상황이 되어 있기도 합니다. 이런 측면에서 이 책을 기획하게 되었습니다. 모쪼록 이 책이 주거정비사업과 연관되어 있는 서울 시민들에게 작은 도움이 되기를 바랍니다.

서울시 주택정책실 실장

:: 차례 ::

 ## PART 1 추진위원회 구성 및 조합설립

신뢰 구축의 현장

추진위, 조합의 투명한 운영 현장

PART 2 사업시행인가와 관리처분계획인가

사업 아이디어 창출하기

공공과의 협상법

시공사와의 현명한 관계 설정

PART 3 이주·공사·청산

PART 4 사업관계자들의 생생한 육성

서로의 입장 들어 보기

부록

추진위원회 구성 및 조합설립

:: 신뢰 구축의 현장 ::

신뢰 구축은 크게 사람들 사이의 신뢰, 즉 조합원들과 조합 집행부와의 신뢰 구축과 사업성에 대한 신뢰 구축으로 나눌 수 있다.

사람들 간의 신뢰는 때로는 사업성에 대한 신뢰보다 더 중요한 요소로 작용한다. 조합 집행부와 조합원들 사이, 조합원과 조합원 사이의 신뢰 구축은 추진위나 조합의 설립을 위해 필수적인 요소다. 비록 추진위나 조합이 설립되었다고 하더라도 사업 초기에 신뢰가 구축되지 않으면 이후 사업 진행이 잘 되지 않는다.

사람 사이의 신뢰 구축의 첫째는 투명하게 조합을 설립하고 운영하는 것이다. 투명하게 조합을 운영하면 갈등이 발생할 일이 줄어들기 때문이다. 둘째는 주민들과 끊임없이 만나는 것이다. 주민들을 만나는 것은 가장 기본적이면서도 가장 중요한 일이라고 조합장들은 한결같이 말한다. 셋째는 각 조합원들의 입장을 배려하는 것이다. "각각의 그룹의 입장에서 생각해야 했고, 동시에 전체적인 이익을 추구해야 했다."라는 말이 가장 적절한 표현인 듯하다. 많은 곳에서 운영의 묘를 발휘하여 다양한 목소리들을 끌어안으며 사업을 진행시켰다.

사업성에 대한 신뢰는 사업성이 좋다는 믿음으로 대부분의 조합원들이 중요하게 생각하는 부분이다. 조합마다 나름의 방법으로 사업성을 좋게 하기 위해 노력했으며, 사업의 진행과정을 주민들에게 알렸다.

　사업성은 사업의 속도에 매우 큰 영향을 주는 요소다. 주민들 간에 신뢰도 있으면서 사업성이 좋은 곳은 가장 빠른 속도로 사업이 진행되었다.

　하지만 사람 사이에서 생긴 갈등이든 사업성에 대한 불신으로 생긴 갈등이든, 한 번 생긴 갈등을 해결한다는 것은 쉽지 않은 일이다. 여러 조합장들을 만나서 주민들 간의 갈등을 어떻게 풀어 갔는지 물어보면 늘 듣는 말은 수도 없이 주민들을 만나는 거라고 답했다. 무슨 특별한 비법이 있는 것이 아니고 무조건 만나는 수밖에 없다는 게 공통된 답변이었다.

　재개발·재건축 사업에서의 신뢰 구축은 지루하고도 인내심을 요구하는 설득 과정이란 것은 모든 구역이 마찬가지였고, 왕도는 없었다.

　재개발·재건축 사업에서 구청의 중요성은 아무리 강조해도 지나침이 없다. 공정한 행정 집행도 중요하지만 때론 주민들과 어울려 주민의 입장에서 같이 문제를 해결하려는 노력이 더욱 중요하기도 하다. 법이나 조례로 정해져 있지 않지만 현실적으로 중요한 부분이 바로 주민들을 중재하는 것이다. 많은 구역에서 구청으로부터 중재 도움을 받았다는 이야기를 했다. 추진위원회가 난립할 때 함께 일을 하도록 중재하는 것이 대표적인 예다.

　이 장에서는 주로 조합 집행부와 조합원들 사이의 신뢰 구축을 위한 여러 시도들을 소개한다.

주민을 몇 백 번 만났을까?

:: 마포구 현석제2주택재개발구역 ::

현석제2주택재개발구역을 처음 찾아갔을 때는 공사를 앞두고 있는 시점이었다. 이 구역은 2009년 11월 최초 정비구역 지정고시가 되고 불과 약 두 달 만에 80퍼센트 가까운 높은 동의율로 조합설립 동의서 징구를 완료하여 2010년 2월에 조합설립인가를 받은 곳이다. 하지만 이 구역이 처음부터 아무 문제 없이 일이 순조롭게 진행되었던 것은 아니다.

현석제2주택재개발구역은 약 6년 동안 준비추진위들끼리 서로 싸우느라 추진위도 구성하지 못하던 구역이었다. 한 준비추진위가 잘되면 다른 준비추진위가 구청에 가서 사업을 반대한다고 민원을 넣었다. 현재의 조합장이 추진위원장에 당선되면서 이러한 6년 동안의 과정은 종지부를 찍게 되었다. 현 조합장은 초기부터 조합설립준비위원회 활동을 했던 것은 아니다. 2개의 추진위가 다툼을 벌이고 있는 과정에 뒤늦게 활동을 시작했고, 30년 넘게 살아온 고향 같은 곳에서 400가구 정도가 의견을 모으지 못해 6년이라는 아까운 시간을 허비하는 것을 지커보며 지역 주민으로서 책임감을 느끼기 시작했다. 하지만 추진위원장을 해보겠다는 결심을 하기까지, 또 추진위원장이 된 후에도 이러한 어려운 일들을 잘 해나갈 수 있을지 자신에게 여러 번 되물었다.

추진위원회를 구성하는 과정은 마포구청의 도움이 컸다. 재개발 분쟁을 매듭짓기 위해 마포구가 소집한 '4자회의'에는 분쟁 중인 이해당사자들과 구청 주택과 간부, 그리고 지역 사정에 밝은 주민자치위원들이 참석했다. 주민자치위원들은 "점잖고 존경받는 어르신들께서 왜 이러십니까. 싸움 때문에 재개발이 지연되면 피해는 고스란히 여러분들한테 돌아가지 않습니까? 평생 얼굴 안 마주치고 살 것도 아닌데 이쯤에서 한 발씩 물러서시는 게 어떨까요?"라고 설득했다.

자치위원들의 설득과 압박이 이어지자 세와 명분이 부족하다고 느낀 '소수파' 쪽에서 먼저 태도를 누그러뜨렸다. 추진위의 권위와 정당성을 인정할 테니 임원 분배를 확실히 약속할 수 있겠냐고 의사를 타진해 온 것이다. 제3자들이 지켜보는 상황에서 '다수파'도 강경론만 고집할 수 없었다. 소수파 측이 추진위를 인정하는 동의서와 추진위원 명단을 제출한다는 데 서로 합의했다. 회의를 시작한 지 1시간 30분 만에 얻어낸 결정이었다.[1] 이렇게 추진위 구성에 극적으로 합의했지만, 주민총회를 앞두고 추진위원 자리 배분 문제로 사이가 틀어져 주민 일부가 법원에 총회금지 가처분신청을 내는 등 갈등이 발생했다.

2008년 1월 추진위 승인이 난 후 추진위원장은 다시 마음을 다잡았지만, 이후 과정은 예상했던 것보다 어렵고 힘든 고비들이 많았다. 추

---

1) "현장행정 마포 '주민자치위'", 《서울신문》, 2008년 5월 20일 자.

진위원장으로 당선이 된 후 주민들의 화합 속에 사업이 진행되어야 한다는 것을 명심하고 기존에 활동했던 준비추진위들의 실체를 인정해 주었다. 추진위원장에 당선된 후 2개월 만에 열린 총회에서 과거 준비추진위원들이 쓴 비용 중 일부를 화합 차원에서 조합이 갚아 주자고 조합원들을 설득했다. "사업이 앞으로 나아가려면 옆에서 바람이 불면 안 됩니다. 옆에서 바람이 불면 불씨는 곧 꺼집니다."라고 주민들을 설득한 것이다. 결국 과거 준비추진위원들이 사용한 비용 일부를 조합원들이 지원하는 결정을 끌어냈다. 조합장은 "그런데 중이 제 머리 못 깎는다고 제가 추진위원장 선거 나갈 때 쓴 돈은 지원 요청을 안 했어요. 봉사하는 마음으로 활동하겠다고 주민들께 말했기 때문에……."라며 말꼬리를 흐렸다.

조합장은 임원들이나 대의원들 중에 기존의 다른 준비추진위에서 활동하던 분들과 함께 협력하는 것이 중요하다고 말했다. 임원과 대의원이 잘 화합되어야 하는데, 집행부 내부가 시끄러울 경우 사업이 진행될 수 없다고 했다. 여러 계파의 사람들과 조합을 잘 끌고 갈 수 있었던 이유를 묻자 불신의 씨를 뿌리지 말아야 한다고 답했다.

"협력하지 못할 의제나 일은 제안하지 말아야 합니다. 즉 반대할 가능성이 있는 일은 아예 제안하지 말아야 합니다."

현 집행부가 시작된 후 사업 속도는 다른 구역에 비해 빠른 편일까? 이 구역은 추진위 승인 후 약 5년 만인 2013년에 착공을 했다. 계획 세대 수가 763세대 정도면 중급 정도 규모의 사업장인데, 같은 규모의 인근 구역에 비하면 상대적으로 빠른 속도다. 빠르게 사업이 추진될 수 있었던 이유를 물어보았다. 그러자 조합 집행부와 주민들 간의 신뢰가

| 마포구 민원조정분과위원회에서 재개발 추진위원회 구성 문제로 대립해 온 주민 대표들이 악수를 나누고 있다.

두텁게 형성되었기 때문이라고 답했다.

　"신뢰를 얻기 위해서는 몇 가지 기본적인 것들이 확보되어야 합니다. 첫째 투명하고 공정하게 조합을 운영해야 하고, 둘째 사업을 진행함으로써 현재 자산가치보다 충분한 이득을 얻을 수 있을 거라는 확신을 주어야 하고, 마지막으로는 인허가 관청의 적극적인 지원을 받을 수 있어야 합니다."

　언뜻 듣기에는 너무나 당연한 이야기같이 들렸지만 셋 중에 한 가지라도 부족하면 사업이 잘 될 수 없는 필수적인 요소들이다. 이런 필수적인 요소들이 확보되지 않으면 주민들로부터 신뢰를 얻을 수 없다는 뜻이다. 하지만 이런 기본적인 것을 지켜 가더라도 사업에 대해 주

| 철거 중인 현장 모습.

민들이 신뢰하기 어려운 점이 있었다. 바로 조합원들이 사업 초기에
각자의 분담금을 알지 못했던 것이 문제였다. 현석2구역이 사업을 진
행할 당시는 현재와 달리 조합원들이 분담금을 미리 알지 못하는 때
였다.[2] 사업 초기 단계에서 분담금을 알아야 사업 동의 여부를 결정하
기 쉬운데, 당시는 주민들이 미리 분담금을 예측할 수 없었기 때문에
주민들을 설득하는 것이 쉽지 않았다. 지금은 주민들이 부담해야 하는
개략적인 분담금을 조합설립 전에 확인할 수 있게 법이 바뀌어서 주민
들의 입장에서는 사업 추진을 원하는지 혹은 원하지 않는지 판단하기

---

2) 2012년 2월 1일 개정된 「도시및주거환경정비법」 제16조 6항에 의해 추진위원회는 조합설립에 필요한
   동의를 받기 전에 추정분담금 등을 토지등소유자에게 제공해야 한다.

가 훨씬 쉬울 것이다.

사업을 추진하는 측에서는 사업에 대해 확신을 가지지 못하는 주민들을 설득하는 것이 매우 어려운 상태였다. 자신이 평생 모아 온 전 재산이 손해가 날지 아닐지 알 수 없는 상태에서 사업 동의 여부를 결정한다는 게 쉽지 않았다는 것이다. 당시는 이 어려운 문제를 오로지 주민들과의 만남을 통해서 풀어 나가야만 했다.

"2008년부터 2013년 착공까지 약 5년의 시간 동안 400~500회 정도 주민들과 만났습니다. 물론 사업에 흔쾌히 동의한 사람들 중에는 한 번도 만나지 않은 사람들도 있습니다. 그런 경우를 제외하고는 저희 구역의 조합원 수가 400~500명 정도였는데 거의 모든 조합원들을 한 번 이상 개별적으로 만났거나 그룹으로 만난 것 같습니다. 사업을 반대하던 주민들 중에는 10번 이상 만난 사람들도 있습니다. 처음부터 사업 이야기를 할 수 있었던 것은 아니었어요. 처음에는 '난 안 해. 당신이나 잘해 봐'라고 말해서 같이 소주만 마셨습니다."

두 번째 만나서도 재개발 사업에 대해서는 이야기를 하지 않았다. 단지 자신이 어떤 사람인지에 대해서만 이야기했다. 만남의 횟수가 늘어나면서 사업에 대한 이야기를 할 수 있었다. 사업을 반대하는 주민들을 구체적으로 어떻게 설득했는지 물어보았다.

"혼자 하는 사업이 아닙니다. 특별한 대우를 해 줄 수도 없습니다. 다수결의 원칙을 인정하고 따라가야 합니다. 이익은 없다 한들 손해는 없을 것입니다. 대를 위해서 동참해 주십시오. 대를 위해서 소가 힘을 써 주십시오. 소방차도 진입할 수 없고 도시가스도 안 들어오는 동네의 주거환경문제를 전체적으로 해결하려면 이것이 방법이 아니겠습니까, 라고 말했습니다. 제가 이렇게 말하면 반대하는 분은 당신이 싫다는 것이지 사업을 반대하는 것은 아니라고 했습니다."

또 주민들과 많은 대화를 나누었던 조합장은 주민들의 생각을 여과 없이 전해 주었다. 재개발 사업은 동네의 주거환경개선을 위해서 하는 사업인데 주민들은 사업의 목적을 잘 인정하지 않는다는 것이다.

"주민들은 주거환경개선에 대해서는 관심이 별로 없고, 그건 단지 차원 높은 이야기로 생각해요. 주거환경개선 부분에 대해서는 침묵합니다. 그 대신 자신의 자산가치 증식 여부에만 주로 관심이 있습니다."

어쨌든 사업에 대해 확신을 갖지 못하던 일부 주민들이 움직인 것은 사업성이 좋아지고 인허가 내역을 직접 눈으로 확인하면서부터다. 하지만 지속적인 만남이 있어 왔기에 더욱 쉽게 사업에 동의할 수 있었던 것 같다고 했다.

사업과정에서 주민들과 신뢰를 쌓기 위해서는 의사소통이 중요한 부분이다. 사업의 진행과정이나 행사 등에 대해 수시로 주민들에게 알려 주는 것은 사업의 성공을 위해 필수적인 것이다. 소식지와 인터넷이 주로 이용되고 있는데, 인터넷은 젊은 세대들이 이용하기에 좋으나 나이 드신 분들은 사용하기 불편한 측면이 있었다. 그래서 모든 세대들이 편리하게 정보를 전달받게 하기 위해 핸드폰 문자 메시지를 적극적으로 활용하기 시작했다.

"저희 구역은 다른 구역보다 먼저 그 서비스를 시작했는데 주민들로부터 반응이 상당이 좋습니다."

이처럼 조합원들을 생각하는 작은 노력들이 사업의 원활한 진행을 위한 밑거름이 된다는 사실을 확인할 수 있었다.

상세하게 사업 진행 상황을 알려 주는 문자 메시지

현석2구역 2013년 조합 정기총회 안내

일시: 2013년 4월 24일 오후 4시
장소: 마포구 신수동 64-13 ○○장 2층

  금일 2013년 정기총회를 위한 총회책자, 분양홍보물, 소식지 등을 조합원 여러분께 발송하였습니다. 아울러 정기총회와 관련하여 다음 주부터 총회 서면을 징구할 예정이며 경기 및 지방에 거주하시는 조합원님들께는 편의를 감안하여 회송용 봉투를 첨부하였습니다. 가급적 총회 전일까지 조합에 도달할 수 있도록 협조 부탁 드립니다. 금번 정기총회에 모든 조합원 여러분의 적극적인 관심과 참여, 협조를 부탁 드리며 앞으로의 일정에 대해서 간략하게 안내해 드리겠습니다.

  당초 5월 초에 실시할 예정이었던 조합원 동, 호수 추첨은 일반분양과 관련하여 시공사와 협의 결과 일반분양 후에 실시하는 것으로 잠정 결정하였습니다. 작금의 부동산 시장과 관련하여 일반분양의 성공을 위하여 고심 끝에 내린 결정이며 자세한 내용은 추후에 전달해 드리도록 하겠습니다.

  현재 현석2구역조합은 5월 착공을 위하여 업무에 매진하고 있습니다. 4월 말을 기점으로 착공과 관련 있는 3명의 청산자를 제외한 전체가 이주를 완료하게 됩니다. 5월 착공과 병행하여 법절차 마무리단계인 미이주 청산자의 이주문제도 조속히 처리하여 전체일정에 차질이 없도록 하겠습니다. 5월 착공 6월 일반분양 일정에는 변함이 없으며 부분임대형인 84E형의 분양성 증대를 위하여 현재 서울시 건축심의를 준비 중에 있고, 심의 후 즉각 추후 절차를 진행할 예정입니다. 아울러 구립 어린이집도 5월에 착공에 들어가 올해 안에 준공 예정이며 아파트 준공 후 입주민들의 편의를 위하여 어린이집 우선배정과 관련하여서도 관련부서와 협의를 진행 중입니다.

  이상으로 간략하게나마 조합의 소식을 전해 드리며 4월 24일 개최되는 정기총회에 조합원님들의 적극적인 협조를 부탁 드리겠습니다. 환절기 건강 주의하시기 바랍니다. 감사합니다.

-현석제2구역조합-

겁도 없이 시장 골목에
조합 사무실을 만들다

:: 성북구 정릉·길음제9주택재개발구역 ::

　　모든 재개발 사업구역은 그 지역마다의 특징이 있지만 이 구역은
사업이 원활하게 되기 어려운 특징을 너무나 많이 가지고 있었다. 일
반 주거지와는 달리 구역의 대로변으로 시장이 있었고, 안쪽으로는 정
신병원, 성당, 교회, 절 2곳, 구역의 경계 밖에는 수녀원이 있어 재개발
사업에 대해 주민들과 입장 차이가 있었다. 사업을 추진하려는 입장에
서는 사업을 진행할 때 협의해야 할 대상이 너무나 다양했던 것이다.
게다가 구역 크기에 비해 주민들 구성도 상당히 다양해, 정릉동 사람
들, 길음동 사람들, 시장 골목 사람들 그리고 인근의 제일 재건축 사람
들까지 서로 생각들이 달랐다. 정릉·길음9구역재개발 사업은 구역 경
계 안에 정릉동과 길음동이 각각 반씩 포함되어 있었다. 사업 후에 정
릉동은 길음동으로 행정동의 이름을 변경했지만, 재개발 사업구역 이
름에서 알 수 있듯이 서로 붙어 있는 동네지만 서로 소속이 달랐다. 따
라서 주민의 대표 그룹도 각각 달랐다.

| 성북구 정릉·길음제9주택재개발구역 전경.

　개발 당시 이 구역의 주변은 모두 재개발 사업이 진행된 구역이거
나 종교시설 등으로 둘러싸여 있었다. 구역을 둘러싸고 있는 획지 경계
도 모양이 들쑥날쑥해서 주변이 개발되고 남은 자투리땅처럼 보였다.
골목길은 협소해서 차가 다닐 수 없을 뿐만 아니라 어떤 곳은 서로 어
깨를 닿으며 지나가야 하는 곳이 있을 만큼 노후화된 지역이었음에도
많은 사람들이 이곳은 개발이 될 수 없는 곳이라고 판단했다.

　하지만 이 구역은 역세권이어서 구역 지정이 되자 자산가치가 상
승하기 시작했고, 그러자 대부분의 주민들이 사업에 찬성하기 시작했
다. 하지만 사업이 추진되기 시작하자 어디나 마찬가지겠지만 조합원
들 간의 갈등이 불거지기 시작했다. 재개발 과정에서 늘 과욕이 생기고

| 정릉·길음제9주택재개발구역의 들쑥날쑥한 부정형 구역 경계.

과욕이 갈등을 생산하는 구조였다. 조합원들 간의 갈등은 사업의 추진과 관련된 내용이라기보다는 인간관계로 인한 것이 많았다. 한 동네에 20~30년씩 같이 살던 주민들이어서 서로를 잘 알았다. 그 때문에 누군가를 개인적으로 좋아하지 않는 경우가 있었고, 사이가 좋지 않은 사람이 사업 집행부가 되었을 경우 사업 자체를 반대하는 식이었다. 이런 어려움 속에서도 사업을 추진하기 위해 우선 개별 주민들의 특징을 파악하고 각각 협의에 들어갔다. 각각의 그룹 입장에서 생각해야 했고 동시에 전체적인 이익을 추구하려고 노력했다.

"이렇게 다양한 주민 그룹이 있을 경우에는 의견을 하나로 모으는 과정이 쉽지 않기 때문에 사업의 운영을 지혜롭게 할 필요가 있었습니

| 대로변 고가 옆의 양광대 시장 모습.

다. 예를 들면 조합위원장은 정릉동 주민, 부위원장은 길음동 주민, 감사는 시장 골목 상인이 맡는 식이었습니다."

동시에 인간관계로 인한 사업 반대를 해결하는 방법은 지속적인 만남 외에는 없었다.

"주민들과 신뢰를 쌓기 위해 주민들을 일대일로 만나며 설득해 나갔습니다. 당시는 현재와 달리 스마트폰이나 인터넷 등이 활발하지 않아 직접 만나 정보도 전달하고 설득도 했습니다. 주민이 주민을 설득하고 설득된 주민을 조합 측에서 만나 허심탄회하게 대화를 하며 담판을 짓는 과정이었는데, 한 명의 주민이 마음을 결정하자 그 사람을 통해 열 장씩 사업 동의서가 들어왔어요."

조합장은 당시를 떠올리며 말했다.

이 구역에는 일반 주거지와 달리 시장이 대로변을 차지하고 있었다. 점포수가 약 260개인 양광대 시장이라는 곳으로, 상인의 숫자도 그만큼 많아서 처음에는 시장을 빼고 사업을 하려고 하는 사람들이 있었다. 구청과의 협의 끝에 이곳의 주거환경을 개선하기 위해서는 시장을 포함시키는 것이 필요하다는 데 합의하고, 힘이 들더라도 시장을 포함해서 사업을 진행시키기로 했다. 재개발이 시작되면 시장 골목 상인들은 생업을 일시적으로 포기하거나 혹은 이 지역에서 생업을 계속할 수 없기 때문에 그들의 의견은 사업 진행에 매우 중요했다. 이들 주민의 의견을 수렴하기 위해 조합 사무실을 시장 골목에 있는 한 상점의 2층에 마련했다.

"낡고 좁은 사무실이었지만 시장 상인들이 수시로 와서 의견을 나누기에 안성맞춤이었습니다. 처음 시장 골목에 조합 사무실을 낼 때 조합 사무실이 폭파되려고 거기다 마련하냐고 주변 사람들이 걱정하며 농담하기도 했었죠. 하지만 사업성에 대해 상인들이 확신을 하자 주민들보다 더 적극적으로 사업 진행을 도왔습니다."

상인들 중 일부는 인수로 변에 조성된 연도형 상가[3]를 분양 받았고, 일부는 아파트를 분양 받았다. 또 현재 임대아파트가 있는 곳에는 약 260명의 환자가 있는 정신병원이 있었는데 병원과의 협의는 보상비로 정리되었다.

---

3) 연도형 상가(沿道形商街)란 도로에 면하여 상가를 연속적으로 조성하는 것으로, 사람들의 상가 접근이 쉬워 가로 활성화에 좋다.

하지만 조합장도 사업과정을 통해 받은 마음의 상처가 많았다.

"주민들을 위해 열심히 일했지만 주민들 중의 일부는 의심의 눈으로 조합을 바라보고 뒤에서 수군거릴 때 힘이 들었습니다. 특히 투자 목적으로 새로 조합원이 된 사람들 중 일부는 더 심했어요. 하지만 지금 한창 사업을 추진 중인 조합장들을 만나 보면 반대하는 주민들을 만나는 걸 기피하시는 분들도 있는데 이것이야말로 가장 중요한 과정이라는 것을 인식할 필요가 있습니다."

사업을 추진할 때 잊지 말아야 하는 점이라며 이야기를 마무리했다.

OS직원이 아닌 추진위원들이
직접 동의서를 받다

:: 마포구 상수제1주택재개발구역 ::

사업 초기 단계에서 주민들의 생각을 수렴하는 것은 사업 진행에서 매우 중요한 과정이다. 이 구역에서는 홍보요원이라고 불리는 OSout-sourcing직원을 가급적 고용하지 않았는데, 결과적으로 초기 사업 단계에서 큰 의미가 있었다. 외부 인력OS이 조합설립동의서를 받으러 다니지 않고 추진위원들이 직접 동의서를 받으러 다니는 것은 지역 환경과 조합원들의 생각을 파악하는 데 큰 도움이 되었다. 이 업무가 아니면 주민들과 개별적으로 진지한 이야기를 할 기회가 흔하지 않기 때문이다. 이는 초기 사업 진행 단계에서 주민들 사이, 사업 추진주체와 조합원들 사이에 신뢰를 쌓는 데도 매우 효과적이었으며 비용절감도 가능했다.

외부 인력을 활용할 경우 하루에 약 15만 원 이상의 인건비가 지출되는데 20명을 20일씩만 활용해도 몇 천만 원이 훌쩍 넘는 액수다.

"총회를 10번 한다고 치면 서면결의서를 받는 데만 쉽게 몇 천만 원에서 몇 억까지 지출이 되고, 경호원을 고용할 경우 금액은 예측을 불허합니다. 관리처분계획 총회 때는 총회의 중요성과 짧은 일정 때문에 조합장과 총무의 능력으로 감당하기에는 역부족이라고 느꼈습니다. 지방에 있는 조합원들을 찾아가는 것도 현실적으로 쉽지 않았습니다. 그때 약 5명의 외부 인력을 열흘 정도 활용한 것을 제외하고는 기타 과정에서는 OS직원을 동원하지 않았습니다."

주변 사람들은 이 구역이 다른 곳에서 많이 해 보지 않던 일을 시도하자 걱정하기 시작했다. 또 사업 초기에 외부 인력을 활용하지 않는 것은 생각보다 쉽지 않은 과정이었다. 특히 경험이 많은 협력업체에서 동의서 징구를 목표로 하는 시기까지 걷지 못할 가능성이 크기 때문에 외부 인력을 써야 한다며, 그렇게 아껴 봐야 조합원이 알아주지 않으니 외부 인력을 쓰자고 했다.

"하지만 저는 조합원들이 알아주지 않아도 내 양심에 부끄럽지 않으면 상관없다고 생각했습니다. 이 일을 하면서 조합 집행부는 한 가지 배운 것이 있습니다. 자신을 낮추는 것입니다. 한 조합원의 집을 8번이나 방문하기도 했는데, 한번은 집 밖에 서서 2시간씩 이야기를 나누기도 했습니다."

힘들었지만 원칙을 지켰고 결국 이후의 사업 진행이 더 편할 것이라는 믿음은 틀리지 않았다.

주민의 의견을 수렴하고 주민 간의 갈등을 해결하는 또 한 가지 방법은 떠도는 이야기는 무시하고, 그 이야기의 발생지인 당사자를 만나 직접 이야기를 들어 보는 것이었다. 사실에 근거한 이야기들로 마음을 열게 한 후 가슴으로 받아들일 때까지 설명하고 설득시키려고 노력했

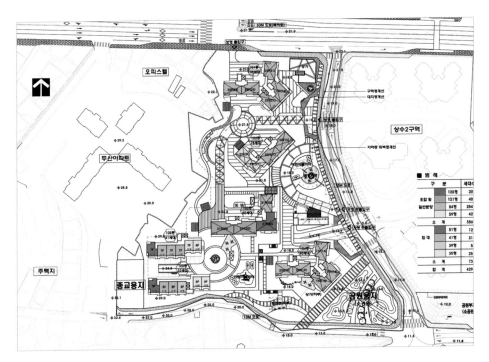

| 상수제1주택재개발구역 배치도.

다. 이런 노력들은 반대하는 주민들이 퍼뜨리는 부정확한 정보의 확산을 막고 비생산적인 사업 소모시간을 줄이는 데 효과가 있었다.

하지만 조합장은 주민들을 만나는 것의 어려움을 조금 다른 측면에서 이야기했다. 조합장이나 임원들이 주민들을 만나고 다니면 주민들은 조합장을 의심의 눈으로 쳐다보기도 한다는 것이다. 구역이 지정되는 순간부터 비용이 들기 시작하는데 주민들을 만나 설득해서 사업이 빨리 진행되면 비용이 절감되지만 조합원들은 이를 잘 몰라준다고 한다. 이렇게 절감된 비용은 잘 계산되지도 않는 부분이라고 했다.

또 다른 어려움으로 대의원들과의 관계를 들었다. 과거에는 대의원들이 아파트의 좋은 층이나 위치를 배정받는 경우가 있었다. 대의원이

| 상수제1주택재개발구역 조감도.

되면 무슨 혜택이 있지 않을까 누구나 같은 생각을 할 거라는 것이다. 현실은 바뀌었는데 여전히 대의원들은 개인적인 혜택을 바라는 경우가 많다. 그렇지 않다는 것을 아는 순간 조합장을 무능력한 사람으로 취급한다. 현실적으로 불가능한 것을 기대하니 조합과 갈등이 생기기도 한다. 자신의 일들을 제쳐 두고 오랜 시간 동안 회의를 해야 하는데, 회의비 정도 외에는 다른 혜택이 없다는 것을 알고부터는 그 일을 하겠다고 하는 사람이 없다는 것도 현실이다.

또 투자자들과 조합의 갈등에 대해서도 이야기했다. 조합원들 중에는 투자자도 많은데 사업의 진행에 대해 조합의 임원들과 이분들 사이에 의외로 갈등이 많이 생긴다고 한다. 일반적으로 투자자들은 대부분

사업에 대해 찬성할 거라고 생각하는데 사업에 반대하는 사람들이 생각보다 많다는 것이다. 투자자들 중에는 여러 구역에 투자를 한 사람들이 많아 조합의 일처리 방식을 지켜보면서 자신의 생각이나 이해관계와 맞지 않으면 사업에 반대하기도 한다.

하지만 추진위원회나 조합이 명심할 게 있다고 했다. 기득권을 포기할 수 있어야 한다는 것이다.

"객관적으로 조합원의 이익을 증가시키고 투명하게 일할 수 있는 사람이 나타나고 조합원들이 이에 공감한다면, 추진위원회나 조합은 현 집행부가 아니면 안 된다는 생각을 버리고 언제라도 기득권을 포기할 수 있어야 합니다. 먼저 시작해서 자신의 에너지를 쓰면서 희생했다는 것 외에는 기득권을 특별히 주민에게서 부여받은 것은 없습니다. 포기할 수 있는 정신이 있어야 자신 있게 비대위[4]를 끌어안을 수 있습니다. 이런 능력 있고 객관적인 양심을 가진 사람을 어떤 방법으로 찾을 수 있느냐가 문제입니다."

사업의 주도권을 두고 다투는 구역이나 사업의 초기 단계에 있는 구역에서는 귀 기울여 들을 만한 조언인 듯하다.

---

[4] 비상대책위원회의 줄인 말로, 조합 집행부가 정상적으로 운영을 하지 못하는 경우 주로 만들어지는데 현실에서는 다양한 목적의 비대위가 존재한다.

조합 소식지를 직접 만드는
신세대 조합장

:: 중랑구 면목제2주택재건축구역 ::

　조합장이 몇 살이면 신세대에 속할까? 조합장들이 대부분 50대에서 60대인 걸 감안하면 40대 초반은 신세대에 속한다. 조합 사무실을 방문했을 때 사무실 안에는 아파트 시공에 사용할 인테리어 자재 샘플이 깨끗하게 전시되어 있었다. 면목제2주택재건축구역은 조합원 수가 약 156명인 규모가 크지 않은 구역이다. 조합 운영에 대해 많은 이야기를 나눈 후 조심스럽게 나이를 물어보았다. 41세라고 했다. 조합원들의 평균 연령대는 60세 이상이라는 말을 들으니 왠지 아들이 부모님 집을 지어 주는 느낌이 들었다. 면목동은 서울시에서도 정주율이 높아 조합원이 50퍼센트 이상 구역 내에 거주하고 있고, 마치 시골마을처럼 앞집 옆집 사이에 왕래가 많은 곳이다.

　어떻게 조합장이 되었을까? 현 조합장은 2대 조합장으로, 처음에는 이전 조합장과의 관계에 대해 말을 아꼈다. 1대 조합장의 사업 진행방식에 대해 주민들의 문제제기가 있었고, 1대 조합장 사퇴 후 2대

| 면목제2주택재건축구역 조합장은 신세대 조합장이다.

조합장으로 선출되었다고 한다. 현 조합장은 사업 초기의 공은 1대 조합장의 몫이라는 말도 덧붙였다. 총회에서 시공사와의 가계약 시점에 일반 조합원들이 포함된 몇몇 분이 가계약 협상에 참여하기를 요구했고 조합이 받아들였다. 현 조합장은 그때 시공사 가계약 협상단에 참여했다.

"흔히 말하는 비상대책위원회 같은 분들이 가계약 협상단에 포함된 것이죠. 임원들과 일반 조합원 일부, 비대위들이 조합과 함께 협상단이 되었습니다. 저는 당시 비대위 중의 한 사람이었습니다. 당시 조합장이 저를 포함한 그분들의 의견을 받아들여 포용해 주신 것은 좋게 평가받을 일입니다. 함께 가계약을 진행하면서 조합 일을 알게 되

면목2구역
주택재건축정비사업조합

문서번호
면2재조2013-05-10
시행일
2013년 5월 10일

재건축소식
http://cleanup.seoul.go.kr/mm8396

동호수 추첨, 5월 16일 오후 2시 금융결제원
추첨 참관 희망자 13일까지 서면 제출로 신청

조합원 여러분들이 오랫동안 기다리시던 조합원 동호수 추첨 및 조합원 분양계약일정이 결정되었습니다. 동호수 추첨은 5월 16일(목) 오후 2시 금융결제원(서울 역삼동 소재)에서 실시되며, 조합원 분양계약은 5월 30일(목)부터 6월 1일(토)까지 우리 사업지 모델하우스(군자동 소재)에서 실시하게 됩니다.

동호수 추첨은 조합원 여러분들의 소유가 확정되는 절차로서, 추첨 결과에 따라 개별적으로 분양계약 체결을 이행하게 됩니다. 조합은 지난 정기총회(관리처분기준안)의 의결에 따라 공람기간 중 일반분양분에 해당하는 저층 및 최고층을 조합원 7명의 우선배정으로 금번 추첨에서 제외토록 결정되었습니다. 또한 관리처분기준안에 따라 공람심사위원회 및 이사회에서 논의한 결과 공정성과 신뢰성을 확보하기 위해 금융결제원에 전자추첨을 의뢰하고, 우선배정분을 제외한 나머지 149세대를 대상으로 별도의 타입별(84A, 84B, 84C) 신청은 받지 않고 일괄 추첨토록 결정되었음을 양지하여 주시기 바랍니다.

금융결제원은 동호수 추첨을 전용 추첨실에서 진행하며 투명한 동호수 추첨을 위해 추첨과정을 공개하고 있으나 협소한 장소로 인하여 조합 규모(조합원 수)에 관계없이 참관인을 20인 이내로 제한해 달라는 요청이 있었습니다.

따라서 동호수 추첨과정을 참관하기 원하는 조합원께서는 조합사무실로 신청하여 주시기 바랍니다. 단, 신청자가 허용 인원(20명)을 초과할 경우 이사회에서 추첨으로 참관자를 확정하며, 참관이 확정된 조합원에게는 개별 통보할 예정입니다. 이사회도 공개운영하므로, 희망하실 경우 이사회도 참관하실 수 있습니다(이사회 일정은 추후 통보).

| 조합장이 직접 만든 소식지.

었죠. 가계약이 끝나고 그분들이 조합의 일을 감독하는 측면에서 제가 이사로 활동할 것을 요청하셨는데, 저는 감사가 좋겠다고 생각해서 감사가 되었죠. 그런데 이후에 그분들과 저는 조금 다른 길을 가게 되었습니다. 조합장을 상대로 벌인 소송에 저는 참여하지 않았습니다. 저는 사업이 제대로 가는 쪽을 원했고 소송 내용에 찬성하지 않았죠. 결국 조합장을 상대로 한 공금횡령 등의 소송에서 그분들이 패소했습니다. 그분들의 활동은 재건축사업에 도움이 되지 않았고 결국 흩어지기 시작했습니다."

하지만 그동안 사업을 잘 진행시키지 못한 조합장에 대한 신임의 문제는 주민들에 의해 판단되었고 조합장이 자진 사퇴하는 상황을 초래했다.

"저 같은 경우는 이사를 갈 시기를 조합 측에 물어보았는데 내년 봄, 다시 가을, 또다시 내년 봄, 이런 식의 이야기를 몇 해 동안 듣게 되었습니다. 집수리를 해야 할지 언제 이사를 갈 수 있는지 판단을 할 수 없었죠. 답답한 마음도 들었고 사업 진행을 의지할 만한 사람이 없다는 생각이 들었습니다. 1차 설계 변경 후 설계 재변경을 시도하자 임시 대위원회 간담회가 열렸고 조합장 퇴진 이야기가 나오게 되었습니다. 결국 조합장이 스스로 사퇴하게 되었습니다."

과천에서 지역 신문사를 운영하고 있었던 조합장은 당시 감사를 맡고 있던 상태에서 조합장 보궐선거에 나가 당선되었다.

같이 선거에 나왔던 사람은 연세가 여든이 가까운 할아버지였는데 선거가 끝난 후 식용유를 사 들고 찾아뵈었다. 처음에는 "뭐하러 왔수?" 하시더니 곧 "와 줘서 고맙소."라고 했다고 한다.

"홍보물비와 전화비 등 100만 원 정도 들여서 선거를 치렀습니다. 당시 조합원 178명 중 70퍼센트 정도의 표를 받았죠."

조합을 어떤 식으로 운영하는 게 좋을지 정해진 것도 없고 정할 수도 없을 것이다. 모든 구역마다 특징이 있듯이 조합의 책임을 맡은 사람들의 특성도 모두 다르지만, 이곳처럼 조합을 운영하는 곳을 소개하는 것도 좋을 듯하다. 이 조합이 다른 조합과 운영방식이 다른 것은 조합장의 개인적인 특성과 소규모 사업장이라는 이유 때문에 가능한 듯하다. 이곳은 총무이사나 정비업체 직원을 상근시키지도 않고 조합장과 경리직원 한 명이 일을 하고 있었다. 또한 신문사를 운영해 본 경험을 살려 자신이 직접 소식지를 만들고 공문을 작성했다. 정보의 아쉬움을 느껴 보았기 때문인지 주민과의 소통에 적극적이었는데, 조합장으로서 이사회나 대의원회에 사업 추진현황을 구체적으로 보고한다.

"브리핑 자료를 직접 만들어 두고 주민들이 조합 사무실을 방문했을 때 사업에 대해 설명할 수 있도록 합니다. 물론 안건에 따라 정비업체나 전문가의 도움을 받지만 회의 자료를 직접 준비하는 편입니다. 그리고 안건별로 첨부자료를 풍부하게 만들려고 노력했습니다. 해당 안건은 최대한 자료로 설명하여 조합원들이 쉽게 의사결정을 할 수 있도록 하기 위해서입니다."

직접 만든 소식지와 브리핑 자료들을 보니 신세대 조합장이라는 타이틀을 붙여 주기에 손색이 없어 보였다.

정직이 최선이다

:: 서대문구 가재울뉴타운제2재정비촉진구역 ::

"조합장도 돌아가시고 구청 담당자 중에도 돌아가신 분이 있어요."

구청 담당자는 이 구역을 추천하면서 그동안의 변화를 알려 주었다. 가재울뉴타운제2재정비촉진구역은 2009년 입주를 한 곳이다. 구역 규모가 크지 않은 데다 조합이 사업을 잘 운영했고, 거기다 사업성이 좋을 때 분양해서 사업이 완료되었다.

작고한 조합장을 대신해서 당시 사업에 참여했던 조합의 총무이사를 만났다. 지금이야 여성 조합장이 많지만 당시만 해도 많지 않았을 때라 조합장이 어떤 분이었는지부터 물었다.

"작은 연립주택을 소유하고 있던 가정주부였습니다. 정직이 무기였습니다. 상가를 가지고 있었던 게 아니라 상가를 가진 분들의 지지를 받은 것도 아니었습니다. 큰 주택을 가지고 있었던 것도 아니었죠. 하지만 시간이 가면 진실은 누구든 알 수 있는 거라는 걸 저는 그분을 통해 보았습니다. 조합장이 안 되어도 미련을 가질 분이 아니라는 걸 사람들은 알았습니다. 발품을 많이 파셨던 분입니다."

처음 사업을 시작할 당시에는 길가의 상가들은 제외하고 이면의 노후화된 주택지 중심으로 재개발을 추진했다. 이후 뉴타운지구로 지정되면서 구역 경계가 상가 지역으로까지 확대되었다. 상가를 가진 사람들의 결정이 사업 진행에 중요한 변수가 되었다.

"상가를 가진 분들께서는 시간이 갈수록 사업을 빨리 끝내는 것이 이득이라고 판단하신 것 같습니다. 반면 조합은 일을 무리하게 진행시키지 않았습니다. 아마 무리하게 진행시켰으면 사업이 더 늦어졌을 겁니다."

결국 상가를 가진 사람들의 결정이 사업의 원활한 진행에 도움이 되었다.

"저도 같이 장사를 했습니다. 그래서 그분들의 입장을 잘 이해합니다. 장사하던 분들 중 친하게 지내던 분의 집에 찾아가기도 했습니다. 재개발 사업을 하면 누가 봐도 손해를 보는 게 분명한 사람들이 있는데 바로 그분들입니다. 그분들이 다른 곳에 매입하려고 하는 좋은 물건이 생기면 법의 테두리 안에서 돈을 바로 마련해 드렸습니다. 분양신청기간 종료일 다음 날로부터 150일 이내에 양측이 협의 후 청산금을 드리면 되는데 늦게 주려고 하지 않았습니다. 이자비용이 발생하는 것보다 이분들이 반대할 때 더 큰 손실이 발생하기 때문입니다."

일반 조합원들과의 신뢰에 대해서도 물어보았다.

"조합원들이 조합 사무실을 방문했을 때 최선을 다한 답을 드렸습니다. 그리고 정직한 답을 드리려고 했습니다. 도정법을 벗어나는 답을 주지 않았죠. 잘못된 희망을 주어서는 안 되기 때문입니다. 그 때문에 언쟁이 오가기도 했지만 매번 같은 애로사항을 가져와도 똑같은 답을 드리는 게 효과가 있었던 것 같습니다. 그분들이 부동산에 가서 개인적으로 문의를 해 조합에서 들은 얘기와 일치하면 조합을 신뢰하기 시작했습니다. 다수 조합원을 동시에 만나는 것은 일 년에 두세 번 정도입니다. 평소 조합원들을 정직하게 만났던 게 결국 총회에서 빛을 발한다는 것을 느꼈습니다."

세입자 문제에 대해서도 물어보았다.

"법적으로 주거 이전비 대상이 아닌 세입자들의 심정도 헤아리고자 했습니다. 그분들에게는 이사비용을 무료로 지원해 드렸습니다. 우리 구역에서도 집달관이 강제철거를 두 집에서 했습니다. 둘 다 상가 세입자였는데 할 짓이 못 되었습니다. 가능한 한 그런 상황까지 가지 말아야 합니다. 사람들은 그 사람들이 돈을 더 받으려고 끝까지 버틴다고 생각들을 합니다. 하지만 저는 그렇게 생각하지 않습니다. 자존심의 문제죠. 구역에서 나가야만 할 때 쫓겨나는 느낌을 받는 겁니다."

재개발 사업에 대한 전반적인 의견도 말해 주었다.

"저희 구역은 공공의 도움을 많이 받았습니다. 또한 여러 구역 관련자들이 함께 공동의 문제를 의논하는 회의도 정기적으로 있었습니다. 청산자들이나 세입자들과 잘 협상이 되면 재개발 사업은 특별히 문제될 게 없다고 봅니다. 사실 욕심 때문에 생기는 문제들이 많습니다. 저도 그런 경우입니다. 제 물건이 4억 원 정도였는데 33평에 들어갔으면 딱 맞았습니다. 그런데 당시는 40평형대가 재산가치가 클 것 같아서 40평형대를 무리해서 선택했습니다. 대부분 자신의 종전자산은 얘기 안 하고 재개발 사업으로 망했다고 표현하기도 합니다."

인터뷰를 진행했던 아파트 내 정자와 주변의 아름다운 조경.

사업이 빨리 진행될 수 있었던 많은 이유들이 있었겠지만, 조합원들을 진심으로 대했던 조합 임원들 덕분에 이곳이 인근 다른 구역보다 빨리 사업이 완료될 수 있었던 것 같다.

물난리가 나면
고무보트를 타고 다닐 정도였어요

:: 구로구 개봉제1주택재건축구역 ::

여러 조합장들을 만났지만 아마도 이 조합장은 풀뿌리 조합장이 아닐까 하는 생각이 들었다. 다른 조합장들은 어려운 시절이 있었다 하더라도 마을금고 이사장이라든지 구의원 같은 경험을 한 사람들이 많았기 때문이다. 그런 사람들과 달리 이 구역의 조합장은 지역에서 통장이라는 경력 외에는 화려한 타이틀을 가진 적이 없었다. 그래서인지 자신을 늘 모자라는 사람이라고 생각한다고 했다. 1991년에 문경에서 석탄을 캐다가 서울로 올라와서 장만한 집이 조합장이 살던 집이었다. 퇴직금 몇 천만 원을 가지고 장만할 수 있는 집이 많지 않았기 때문에 지금의 동네에 정착하게 되었다.

당시 평당 400만 원 정도 하던 단독주택을 구입했는데 차가 들어오기 쉽지 않은 막다른 골목에 있었고, 구입할 당시에는 그곳이 물이 차는 동네인지도 몰랐다.

"건설 현장을 다니면서 총무나 관리직을 맡으면서 일을 하느라 동

신고은아파트
18층

오류IC

남부순환로

| 상습 침수지역이었던 개봉1구역의 골목길에서 본 수해 장면과 대상지 전경.

네일에는 사실상 관심을 둘 시간이 없었습니다. 2002년도에 건설현장
에서 퇴직하면서 집을 팔고 싶었지만 침수 지역이라 팔 수 있는 재산적
인 가치가 없는 상황이었습니다. 동네는 홍수가 나면 고무보트를 타고
다녔는데 이 장면이 TV 뉴스에 자주 나왔습니다.

　건설현장을 그만둘 무렵 통장을 맡게 되었고 할 수 있는 일부터 시
작하려고 했습니다. 예를 들면 동네에는 버려진 쓰레기가 많았는데, 어
떻게라도 주거환경을 개선하려고 골목 청소부터 시작했고 이후 골목
깔끔이 운동으로 외부에 알려지게 되었죠. 그러던 중 태풍이 온다고
구청장이 지역 순시를 오게 되었습니다. 통장으로서 지역 문제를 설명
할 수 있는 좋은 기회라고 생각해, 손으로 8절지에 지도를 그려서 구청

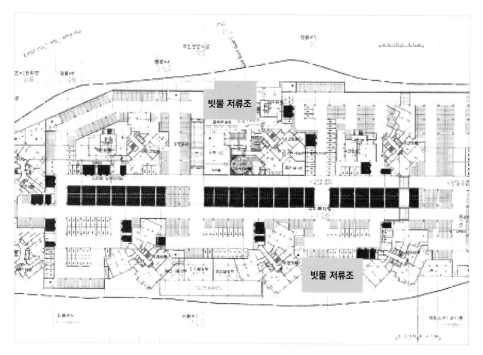

| 지하층 두 곳에 설치된 빗물 저류조 계획안.

장 앞에서 설명을 하고 홍수 방지를 위해 복개천 내부 준설 작업 요청
도 했어요. 주민들의 진심이 전해졌는지 이후 구청장과 담당과장, 시·
구의원, 기자들과 함께 복개천 안으로 들어가 수로를 확인하는 행사도
가지게 되었습니다."

이런 상황에서 주민들과 구청이 힘을 합쳐 이 동네에서 가능한 주
거개선 방법을 찾으려고 노력했다. 2002년부터 동네에서는 주택재건
축과 재개발 사업의 가능성을 검토하기 시작했는데, 당시 조례에 의하
면 재개발 사업은 불가능했다. 당시의 주택재개발 구역 지정 요건은
면적과 호수밀도를 필수요건으로 규정하고 있었는데, 이 구역은 호수
밀도를 만족하지 못했다. 하지만 재해관리구역으로 지정받으면 주택

| 공사 중인 빗물 저류조 모습.

재건축 사업이 가능했다. 현재는 법이 바뀌었으나 당시는 「도시및주
거환경정비법 시행령」에 의해 지역 안에 건축물의 상당수가 재해 등
으로 신속히 정비사업을 추진할 필요가 있는 곳은 주택재건축 사업이
가능했다.

2004년 말부터 구체적으로 사업방식에 대해 의견을 모으기 시작한
후 주민들은 재해관리구역으로 지정받기로 결정하고, 재해관리구역
지정에 힘을 모으기 시작했다.

재해관리구역 지정은 여러 가지 조건들이 맞을 때 가능하다. 예를
들면 피해액, 재해 횟수, 그리고 수위, 즉 물이 방바닥까지 찰 것 등 세
세한 기준이 맞아야 지정이 가능하다. 당시 구청 담당 공무원이 여름휴

가를 반납하고 구역의 지정 여부를 검토하는 일에 매달렸다.

"동네의 2분의 1이 침수되었다는 것을 증명하는 것도 쉽지 않았고, 주민들은 자신의 동네가 재해관리구역으로 지정되는 데 대해서 찬성을 해야 할지 고민했습니다. 결국 저희 동네는 2005년 7월 재해관리구역으로 지정되었습니다. 이렇게 주민들의 노력으로 적합한 사업방식을 찾았다는 것은 큰 성과였습니다. 주거개선에 대한 열의가 많았기 때문에 토지등소유자의 91.3퍼센트의 동의율로 재건축 사업을 진행하게 되었습니다."

하지만 2006년 막상 추진위원장 자리가 생기자 이 자리를 두고 다툼이 생기기 시작했다.

"지역에는 동네 유지들이 있었습니다. 그 사람들 중 일부는 이 큰 사업을 당신 같은 사람이 할 수 있겠냐고 했어요. 그리고 사업에 찬성 표를 던진 사람들 중에 반대파가 생기기 시작했습니다. 조합의 총무도 농협 지점장을 하던 분이에요. 모두 저보다 똑똑한 분들입니다. 통장을 했다는 게 도움이 되었지만 그보다는 그동안 동네를 위해 했던 노력들에 대해 주민들이 평가를 해 준 것 같습니다. 무명초 같은 저에게 큰 사업을 이끌 기회를 준 건 주민들이었습니다."

하지만 조합장은 정비사업이 쉽지 않은 과정이었다는 말을 덧붙였다.

"조합장을 하면서 조합장이라는 자리가 유혹이 너무 많은 자리라는 것을 느낍니다. 이를 극복하지 못하면 주민들에게 큰 피해를 끼친다는 걸 조합장들은 알아야 합니다."

그다음으로 중요한 건 말을 조심해야 하고, 주민들과 원한 관계를 만들거나 거짓말과 막말 등을 해서도 안 되며, 지구력을 가지고 부드럽게 주민들과 관계를 가져야 한다고 했다. 또한 사업과정에서 주민들의 인감도장을 받는데, 이는 자신의 재산을 맡기는 의미라고 했다.

"모자람이 넘치는 것보다 낫다는 말을 붙잡고 지금까지 왔습니다." 라며 자신의 모자람을 극복하고 사업을 이끌어 왔던 좌우명을 소개해 주었다.

이 구역은 정비사업을 통해 홍수 예방의 목적을 달성할 수 있을까? 사업 완료 후 확인할 수 있겠지만 홍수 예방을 위해 이 구역은 다른 아파트와 달리 지하에 4,000톤 용량의 빗물 저류조를 설치하는 계획을 세웠다. 이 규모는 서울시 기준보다 훨씬 큰 것이라고 한다. 정비사업을 통해 결국 지역민들의 오랜 고민을 해결한 것이다.

경쟁 추진위
둘이 하나로 합치다

:: 동대문구 휘경제2주택재개발구역 ::

　재개발·재건축 구역에서는 여러 추진 세력들이 각자 사업을 추진하면서 동네가 분란에 휘말리는 경우가 많다. 이 구역도 2000년대 초반 재개발을 추진할 때 두 업체로부터 지원을 받고 있었다. 토지등소유자가 200명도 되지 않는 작은 동네에서 한 지역은 K 시공사로부터 지원을 받고 있었고, 한 지역은 D 시공사로부터 지원을 받고 있었다. 두 추진 그룹 모두 이미 일정 정도 사업비를 썼기 때문에 시공사나 추진세력 모두 포기하기 어려운 상황이었다. 하지만 주민들은 두 세력이 팽팽히 맞서 사업기간이 길어질 경우 주민들의 이익이 줄어든다는 것을 점차 인식하기 시작했다. 구청에서도 두 그룹이 하나로 합쳐서 올 것을 요청했다. 주민들이 지역의 이익을 의논하기 시작했고, 결국 두 개의 예비추진위 사무실을 하나로 합치게 되었다.

　"당연한 이야기지만 합치는 과정은 쉽지 않았습니다. 당시 추진을 주도하던 한 분에 대한 불신 문제로 함께했던 시공사와 같이 갈 수 없

다고 주민들은 판단했습니다. 주민들이 모두 모여 총회 비슷한 회의를
열었습니다. 두 그룹이 합치려면 두 그룹과 관련 있던 시공사들을 함
께 타절하고 새로 시작하는 방법이 가장 좋다고 주민들은 판단했습니
다. 그동안 사용한 사업비가 문제라면 주민들은 소송은 소송대로 받자
고 결정했습니다. 시공사와 타절하면 추진을 하던 사람들에 대해서는
압류금액이 70억 원이 될 것이다, 30억 원이 될 것이다라는 유언비어
가 이미 나돌고 있었습니다. 70억 원이든 7억 원이든 법대로 지급하자
고 했습니다. 시공사도 손해가 났을 테니 비용을 주민들이 처리해 주
자고 설득했습니다. 두 그룹이 가지고 있던 동의서를 주민들에게 다시
나누어 주었죠. 그런 후 한 분이 다시 동의서를 합쳐서 구청에 제출했
고 조합설립추진위원회가 승인되었습니다."

추진위가 승인 나자 결국 K 시공사로부터 지원을 받던 추진위원들
에게 가압류가 들어왔다.

"시공사가 12명의 추진위원당 1억 원씩 약 12억 원의 손해배상을
청구했죠. 재판까지 가서 약 5,000만 원 미만으로 해결이 되었습니다.
D 시공사는 조합이 인가 난 후 조합을 상대로 5,000만 원 정도를 요구
했고, 판결 후 3,000만 원 정도에 해결되었습니다. 조합설립을 위한 총
회에서 그동안 사용한 비용을 안고 가자는 데 대해 조합원들의 인준을
받았습니다. 그리고 K 시공사, D 시공사와 모두 타절했기 때문에 제3
의 새로운 시공사를 선정하기로 했는데, 어느 시공사로 결정하건 사용
비용을 대여 받는 것을 조건으로 하자고 했습니다. 그리고 제3의 새로
운 시공사를 선정한 후 지원에 대한 각서를 받았습니다."

조합장에게 당시의 합의 과정을 듣고, 공사를 맡았던 시공사의 의

┃ 동대문구 휘경제2주택재개발구역의 단지 모습.

견도 들어보았다.

"시공사가 마음에 안 든다고 대책 없이 바꾸었으면 안 좋은 결과가 되었을 수도 있다고 봅니다. 하지만 주민들이 적극적으로 시공사를 변경했고 다행히 결과는 성공적이었습니다. 지금 같은 상황이라면 섣부르게 타절했다가 소송에 휘말려 문제가 될 수도 있고 시공사를 못 구할 수도 있었습니다."

시공사 직원은 조합 집행부에 대해서는 좋은 기억을 가지고 있었다. 조합장이 조합원의 이익을 우선한다는 것을 느낄 수 있었다고 한다.

"다른 구역과 달랐던 조합장을 기억합니다. 식사 때가 되면 우리 집 지어 주는 거니까 저희가 밥을 사 드리겠다고 하면서 시공사로부터 접대를 받지 않았습니다."

공사가 시작된 후 그 구역을 맡았던 구청 담당도 조합 집행부에 대해 이렇게 기억했다.

"조합장이 정도를 지켰던 분으로 기억합니다. 조합 사무실을 방문할 기회가 있었는데 사무실 안에 가훈 같은 액자가 걸려 있는 것을 보았습니다. '조합원들의 자산을 함부로 쓰지 말자'라는 내용이었어요. 조합원들의 의견을 듣고 돈을 쓰려 했고, 한 푼이라도 아끼려고 했던 분으로 기억합니다. 조합원 수가 많지 않아 조합 집행부와 조합원들이 의견을 일치해 가면서 사업을 할 수 있었던 것도 사업이 잘 진행될 수 있었던 이유인 것 같습니다."

조합장도 비리에 얽히지 않기 위해 노력했던 이야기를 들려주었다.

"저는 조합장들에게 일종의 행동강령 같은 게 있어야 한다고 봅니다. 그렇지 않으면 유혹을 뿌리치기 어렵기 때문입니다. 당시 분위기는 지금과는 달랐습니다. 조합 집행부가 스스로 조심하지 않으면 문제가 생기기 쉬웠습니다. 저희는 업체 관계자와는 물건을 보러 간다든지 하는 경우를 제외하고는 외부에서 식사를 같이하지 않았습니다. 일을 하다 식사 때가 되면 조합 사무실에서 가급적 싼 것을 시켜 먹었습니다. 우리가 대접을 하는 게 더 낫다고 판단했죠."

감사도 당시의 상황을 말해 주었다.

"제가 감사가 되었다고 하니 친구들이 최하 3억 원은 벌었구나 했어요. 저는 지금도 충분히 밥 먹고 살 수 있는데 왜 영창 갈 짓을 하냐고 대답했지요. 하지만 당시는 임원들이 로열층을 요구하는 경우가 있어서 힘이 들기도 했습니다."

조합 집행부의 바른길을 가고자 했던 노력들과 갈등을 풀기 위해 꼭 넘어야 하는 산이었던 예비 사업 추진비 처리에 대해 과감한 판단을 함으로써 성공적으로 사업을 이끌었던 구역이다.

조합설립 동의율 100퍼센트를
받을 수 있었던 이유

조합설립 동의율이 100퍼센트라고 해 송파구 풍납우성아파트주택
재건축구역을 찾았다. 풍납동은 상습 침수지역으로 유명한 곳이었는
데 8, 90년대에 최악의 침수피해를 두 번이나 겪었다. 주민들이 재건
축을 원하는 상황이었지만 2002년 재건축추진위원회가 구성된 후 지
금까지 쉽지 않은 과정을 거쳐야 했다. 인근 아파트와 통합하여 재건
축을 추진해야만 했기 때문이다.

풍납우성아파트 옆에 있는 삼용아파트는 50세대 한 동이었고 세대
수나 연면적 모두 우성아파트의 10분의 1 정도의 규모였다. 우성아파
트는 2003년 정비업체를 선정하는 등 본격적으로 사업을 진행했지만,
2005년 12월 잠실아파트지구개발기본계획에서 우성과 삼용이 함께
5주구로 지정되어 통합개발을 하도록 결정되었다. 하지만 이해관계가
첨예하여 당시로서는 각각의 단지별로 사업을 추진할 수밖에 없었다.
2003년에 삼용아파트는 추진위 승인이 났고, 우성아파트는 2009년에 조합설립인가를 받게 되었다.

"우성도 조합설립인가 시 동의율 100퍼센트였고, 삼용도 추진위 승인 시 동의율 100퍼센트였습니다. 하지만 두 아파트를 통합하여 추진하는 것은 생각보다 쉽지 않았습니다. 가장 큰 걸림돌은 삼용이 상대적으로 규모가 작아 통합할 경우 불이익을 당할 수도 있다는 우려였습니다. 또 다른 걸림돌은 상가의 통합이었습니다. 두 아파트가 별도의 상가 동이 있는데 저희 아파트는 대형병원 바로 옆이라 약국의 상권이 크기 때문에 이분들의 재산을 조율하는 게 힘든 점이었습니다."

주민들이 통합하기로 결정하기까지 약 2년의 시간이 소요되었다. 주민들이 마음을 결정하는 과정에서 가장 중요했던 점은 삼용아파트가 불이익을 받지 않을 거라는 점을 확신시켜 주는 것이었다.

"각자 개발할 경우 통합해 개발하는 것보다 불리하다는 것을 양측이 모두 알고 있었습니다. 삼용은 5층인데 단독 개발을 할 경우 건축법상 높이제한으로 11층까지만 개발 가능하고, 우성도 좁은 대지 형태 때문에 개발 가능한 동 수에 한계가 있었습니다. 하지만 동·호수 배정에서 삼용이 불리한 배정을 받을 거라는 불신이 있었기 때문에 통합을 하기 위해서는 삼용이 불리한 배정을 받지 않을 거라는 확신을 주어야 했습니다. 지하 회의실에서 열린 임원회의는 서로가 서로를 초대하는 식이었습니다. 우성 대의원과 집행부가 삼용아파트 지하 회의실에서 열린 임원회의에 가서 설득하기도 하고, 삼용 집행부가 저희 지하 회의실에서 열린 임원회의에 와서 협의를 했습니다. 2011년 5월 통합을 위한 협의서를 양측이 작성하게 되었는데 이것이 가장 큰 성과였고, 11월에 통합 총회를 열었습니다. 새로이 조합으로 통합되는 삼용

아파트와 상가 소유자 전원도 조합설립동의서 100퍼센트를 내어, 이미 조합원 가입률 100퍼센트였던 우성아파트 및 상가 조합원과 함께 100퍼센트 동의율이라는 결과를 얻어내, 현재까지 원만하게 사업을 진행하고 있습니다."

통합을 성사시킨 협약서의 내용에 대해 자세히 물어보았다. 우선 통합 조합의 정관은 협약서의 내용을 반영해야 한다는 것, 통합 조합 설립동의서를 징구하는 방법, 조합 임원과 대의원회의 구성 비율 등을 정했다. 가장 중요한 점은 신축 아파트의 동 및 평형 배정 방법이었는데, 관리처분계획 전에 이에 대한 결정을 할 수 없는 측면이 있어 어려운 점이 있었다. 형평성에 맞게 평형을 배정하고 이에 대한 사항은 관리처분계획 총회 때 조합원의 결의를 거치도록 했다. 이외에 지출 비용 분담과 수익의 분배 등에 대해 규정했다.

"가장 중요한 것은 우성과 삼용의 기존 21평형은 신축 20~30평형대, 우성 기존 31평형은 신축 30~40평형대 배정을 기초로 설계안을 계획한다는 것이었습니다. 이 내용은 동·호수 배정에 대한 불신을 없애기 위한 것이었습니다. 같은 21평을 비교해 보았을 때 토지 지분은 삼용이 많지만 실제가격은 우성이 높았습니다. 관계법령과 규칙 등에 따라 진행하되 기본적인 방향을 결정했다는 게 중요한 점이었습니다."

첨예한 사안에 대해서는 법률가의 유권해석을 참고해 가며 협약서를 만들었고, 이 과정에서 송파구청의 중재 자문도 큰 역할을 했다. 송파구청은 양측을 시너지 효과로 설득했다. 통합 조합이 된 후의 이야기들을 들어 보았다. 조합장은 우선 설문조사로 이야기를 시작했다.

"대단한 선거운동은 아니었지만 조합장 선거운동을 하면서 주민들

| 송파구 풍납우성아파트의 현장 위치.

을 개별적으로 만나 볼 기회가 있었습니다. 자녀들을 결혼시키고 노후를 보내시는 분들이 제 손을 꼭 잡고 몇 천만 원 정도면 부담할 수 있지만 몇 억은 없다며 같이 사는 방법이 없겠냐고 말씀을 하셨습니다. 젊은 신혼부부도 마찬가지였고요. 그때 저는 이분들이 계속 살 수 있는 아파트를 만들겠다는 결심을 했습니다. 저희가 51제곱미터를 18세대 계획한 이유입니다."

아파트 계획에 대한 설문조사는 조합원의 86퍼센트 이상이 참여하는 결과를 얻었다. 그 전부터 설문조사를 했지만 30퍼센트 정도에서 머물던 것을 80퍼센트 정도까지 받기 위해 노력을 많이 했는데 주민들이 많이 참여할수록 정확도가 올라가기 때문이다. 설문조사는 모

| 건축심의를 통과한 배치도.

두 6차로 진행되었으며, 조합장이 일일이 전화해서 설문조사의 중요
성에 대해 설명하고 의견을 낼 것을 부탁했다. 통합 조합이 만들어진
2011년은 부동산 가격이 하락한 시기였다. 설문조사 결과를 반영하
여 5개 유형을 계획했는데, 국민주택규모 이하를 약 96퍼센트로 계획
했다. 또 설문 결과를 바탕으로 주변이 학교인 구역의 특성을 살려 아
이 있는 젊은 부부가 편리하게 아파트 생활을 할 수 있도록 부대복리
시설 중에 보육시설과 독서실에 보다 많은 관심을 갖고 설계를 했다.
　설문지의 내용은 평형 및 설계 전반에 관한 조합원들의 의견을 취
합하고자 하는 것이었다. 개략적인 사업시행계획안은 5차에 걸쳐 진
행된 설문조사를 바탕으로 계획했고, 그 계획안에 대해 다시 6차 설문

조사를 실시했다. 우선 22평형 소형 평형 구성에 대한 의사를 물었고, 선호 평형 조사 외에도 단위세대 평면도를 첨부하여 평면계획에 대한 의견을 적는 문항을 만들었다. 총 4페이지로 구성된 설문조사지에는 발코니 확장을 공사비에 포함하여 일괄 시공할지와 부분임대주택에 대한 의견까지 상세히 물었다.

하지만 통합 추진의 또 다른 어려운 점은 상가 통합이었다. 대형병원 앞이라 상가의 특수성이 있었기 때문이다. 관리처분 때 결정할 문제지만 미리 협상했다.

"우리 상가의 상황은 대로변에 접한 대형약국의 지분이 크고 영업이 잘되어 타 조합원과 의견이 첨예하게 대립되었습니다. 조합이 종전자산과 종후자산에 대한 감정평가를 받기 전이라 계속되는 협상에도 어려움이 있었습니다. 이에 객관적인 전문가의 의견을 받고자 송파구청 분쟁조정위원회까지 상정하여 의견을 좁혀 갈 수 있었습니다. 조합은 신축상가의 지하층 부분을 조합원의 의견을 반영하여 완전 지하와 반지하로 설계를 제시하여 상가 조합원이 결정할 수 있도록 해 완전 지하로 설계를 결정했습니다. 한편 반지하층 조합원을 위한 대안으로 조합원 배정 후 남는 신축상가의 1층 면적을 우선 반지하층 조합원에게 배정될 수 있도록 의견을 조율해 문제를 해결하도록 노력하고 있습니다."

조합설립 동의율 100퍼센트라는 점은 자랑스럽게 생각하지만 조합원들의 불만이 전혀 없는 것은 아니다. 부동산 경기가 좋지 않으니 사업 추진에 대한 회의적인 시각도 있고, 사업을 빨리 추진하지 못한 조합에 불만을 나타내기도 한다. 다른 구역과 달리 비대위가 있는 것도

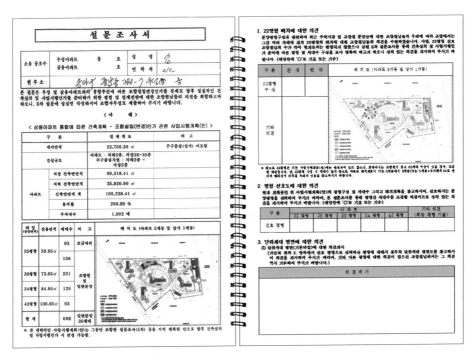

| 설문조사는 모두 6차례 진행되었다.

아니고 소송이 있는 것도 아니었지만 조합원들의 의견을 수렴하는 과정은 많은 노력이 필요했다. 건축계획심의가 통과된 단계라 앞으로의 진행과정이 많이 남아 있지만 조합설립동의율 100퍼센트라는 상징성을 가지는 조합답게 주민들이 협의하여 남은 사업과정을 잘 진행해 나가기를 바라며 이야기를 마무리했다.

혈맹은 깨어지고

:: 양천구 신정1재정비촉진1-1주택재개발구역 ::

이 구역은 2003년 서울시에서 발표한 2차 뉴타운 대상지에 포함된 후 2013년 현재에 이르기까지 10년째 사업을 진행 중이다.

"우리 구역 내에는 40년 전 철거민들이 정착한 동네가 있는데 대지 면적 15평의 소규모 노후주택들이 밀집한 곳으로 현재 약 700세대 정도가 비어 있습니다. 현재 사업성을 개선한 설계 변경안으로 다시 절차를 밟고 있는데 그동안 너무나 많은 일들이 있었습니다. 고소 약 20건, 국정감사 대상, 반대 주민들에 의한 조합장 감금 및 조합장 주택 파손 등 재개발 관련 사건, 사고의 백과사전입니다."

추진위를 구성하던 당시 이곳에서는 크게 두 그룹이 추진위 경쟁을 했다. 2003년 뉴타운 구역 발표가 난 후 2005년 5월에 추진위원회 승인이 났으니 준비추진위들이 2년 정도 경쟁을 한 것이다. 현 조합장은 생각이 비슷한 사람들이 합세하여 7인의 멤버를 구성했다고 한다.

"상대편은 전 구의원과 통장, 직능대표들, 마을금고 이사장 등 쟁쟁

한 사람들로 구성된 조직이었습니다. 우리는 통장 한 명 없는 평범한 주민들이 추진위 구성을 하게 되었죠."

조합장은 두 가지 점에서 자신들이 주민의 지지를 받은 것 같다고 했다.

"우선 주민들은 광역개발을 원했습니다. 상대편은 2만 1,000평의 철거민 정착 필지만 개발을 주장했고 저희는 7만 4,000평의 광역개발을 주장했습니다. 이왕이면 대규모 단지를 사람들이 더 선호하므로 광역개발이 지역 발전과 이익에 더 적합하다고 판단한 주민들이 뉴타운 개발로 방향을 결정했습니다. 또 2000년 당시 토지개발공사에서 이 지역을 도시개발 사업을 위해 수용하고자 했는데 저희가 반대를 주도했던 게 주민들의 지지를 받은 요인이었던 듯합니다."

당시 서울시의 정책방향이나 부동산 시장 상황 등을 고려할 때 주민들은 광역개발[5]을 선택했지만 그 결정이 적절했는지에 대한 판단은 사업이 끝나야 알 수 있을 것이다. 하지만 이 점이 사업 속도에 중요한 영향을 끼친 것은 사실인 듯하다.

사업이 잘 진행되지 않고 힘들었던 데는 여러 가지 요인들이 있었지만 그 중 주민들 간의 갈등이 중요한 요인으로 작용했다. 이러한 갈등은 추진위 단계부터 생기기 시작했는데 갈등의 불씨는 준비추진위

---

5) 광역개발의 장단점이 있는데, 단점은 광역개발을 할 경우 양호한 지역도 사업구역에 포함될 가능성이 많아 사업을 반대할 가능성도 높다는 점이다. 또한 토지등소유자가 많을 경우 그만큼 의견을 모으기 힘든 측면도 있다. 정비사업에서 사업의 전체기간, 즉 속도는 상당히 중요하다. 그 이유는 대부분 사업비를 대여해서 사업을 진행하는데 기간이 늘어날 경우 초기 사업비 이자가 늘어나기 때문이다. 장점은 개발이 순조롭게 될 경우 대규모 주택단지를 사람들이 선호하기 때문에 가격도 오르고 생활환경도 좋아진다.

| 구역 위치.

단계에서 이미 생긴 듯하다. 추진위 준비 모임은 대부분 지역에서 40년 이상 거주한 사람들로 구성되었는데 일곱 명의 멤버가 매달 10만 원씩을 내 활동을 시작했다.

"당시는 시공사 간의 경쟁이 치열할 때라 시공사나 정비업체가 준비추진위원들의 월급이나 사무실 운영비 대여를 많이 해주었죠. 시공사나 정비업체들의 접근을 차단하려고 노력을 많이 했습니다. 사무실 문을 걸어 잠그고 못 들어오게 하기도 했어요."

이후 이 지역의 개발 소식을 들은 부동산 업자들이 지역에 자리를 잡기 시작했고, 이들 중 일부가 일곱 명의 멤버에 합류하여 열 명의 멤버가 되었다고 한다. 추진위 구성 경쟁을 하고 있을 때였기에 주민들

| 구역 항공사진.

을 직접 만나면서 동의서를 잘 받아 올 수 있었던 부동산 업자들의 합류가 필요했던 것이다. 쉽게 가는 길을 선택한 건 당시에는 좋았을 수 있었지만 결국은 이들의 합류가 갈등의 불씨가 되었다. 돈을 벌기 위해 들어온 사람들과 합세를 한 게 문제였다. 어쨌든 열 명은 한자리에 모여 일종의 서약식을 행했다.

"손가락을 찔러 피를 한 방울씩 낸 다음 양주에 타서 같이 마셨습니다. 그러면서 이렇게 말했죠. 앞으로 여기 있는 누구도 비리에 얽히지 맙시다. 한 다리 건너면 아는 변호사, 법무사, 업체들 다 있어요. 내가 아는 사람 쓰자 말하면 다른 사람도 마찬가지고 걷잡을 수 없습니다. 이렇게 맹세하고 시작했지만 막상 사업이 진행되면서 그중 한 명

| 구역 중 일부는 상당히 노후된 모습이다.

이 마음이 변하기 시작했어요. 법무사인 자신의 동생이 일을 맡았으면
했고, 저는 안 된다고 했죠. 일을 맡기면 1억 원을 준다느니 에쿠스를
준다느니 하면서 사정을 했어요. 한 번 두 번 거절을 하니 점차 감정이
상하기 시작하고 불협화음이 생기기 시작하더군요. 결국 나중에는 갈
라설 수밖에 없게 되었습니다. 열 명의 멤버 중 두 사람이 이사를 사퇴
하고 나가서 조직적으로 조합 운영을 차지하기 위한 사업 반대를 하기
시작했습니다.”

　그 후 시작된 소송들은 재개발 관련 사건, 사고의 백과사전이라는
말이 무색할 정도였다. 조합이 이렇게 많은 소송을 진행해 왔으니 조
합원들의 손실이 걱정이 될 정도였다. 조합이 사용하는 소송비용, 즉

변호사 비용 등은 모두 사업비에 포함되고 사업비는 모두 조합원들이
부담해야 하기 때문이다.

"저희 구역은 추진위 무효소송, 조합설립 무효소송, 사업시행인가
무효소송, 철거업체선정 무효소송, 조합장 직무정지 가처분신청, 시공
사 선정 무효소송, 관리처분계획인가 무효소송 등 각 단계별로 없는 소
송이 없습니다. 대법원까지 갈 경우 모두 다 1년 이상 걸리는 소송들
입니다. 재개발 사업에서는 무고나 명예훼손으로 손해배상청구를 할
수 없습니다. 그렇기 때문에 쉽게 소송을 제기하는 측면도 있습니다."

이렇게 많은 소송들을 거치면서 어떻게 신뢰를 유지할 수 있는지
물어보았다. 우선 조합 집행부 내부에서 신뢰가 훼손되지 않도록 집행

부 내부의 단합은 조합 운영의 책임과 보상을 함께하는 것으로 만들어 가고 있었다. 감사 3인, 이사 10인으로 조합을 설립했는데 조합장과 총무만 월급을 받고 나머지는 월급을 받지 않는 게 집행부 단합에 좋지 않다고 판단했다. 이곳은 대의원 수가 110명인 대규모 구역인데 이 점을 조합원들에게 설득했다.[6]

"조합이 크니 집행부에 인원이 필요하다고 했습니다. 감사 한 사람과 이사 중 네 사람, 총 다섯 사람이 상근직을 맡아 100~150만 원 정도의 월급을 받습니다. 임기는 2년씩인데 상근직은 연장되거나 교체됩니다. 또 다른 노력은 준비추진위원들과의 단합입니다. 준비추진위원들은 매월 10만 원씩 2년 동안 개인당 250만 원 정도를 사용했습니다. 제가 조합장으로서 월급을 받기 시작하자 준비추진위원들이 냈던 경비 중 일부라도 만회할 수 있도록 제 월급으로 조금씩 나누어 주었습니다. 이런 노력들로 서로에 대한 신뢰가 더 커질 수 있었습니다."

조합원들과의 단합은 10년째 이어져 오고 있는 행사를 통해 만들어가고 있었다. 준비추진위 멤버들이 매주 화요일 7시마다 만나던 모임을 지속적으로 확대해서 조합원 자격을 가진 사람은 누구나 참석 가능한 모임으로 운영해 오고 있다.

"초기에는 집에서도 자주 만났어요. 저의 집에 조합원이 제일 많이 왔을 때 96명까지 모여 본 적이 있습니다. 계단까지 사람들이 서 있기도 했습니다."

---

6) 주택재개발·재건축정비사업조합 표준정관에 의하면 조합장 1인과 3인 이상 5인 이하(토지등소유자가 100인을 초과하는 때에는 5인 이상 10인 이하)의 이사와 1인 이상 3인 이하의 감사를 둔다. 표준정관은 하나의 가이드라인으로 법적 구속력은 없다.

인터뷰를 하러 갔을 때 조합 사무실에는 한쪽으로 '사랑방'이라는 팻말이 붙은 공간이 있었는데 주민들이 여러 명 와서 얘기하는 모습을 볼 수 있었다.

"사람들이 모이면 자꾸 싸우니까 안 모이게 하는 조합들도 있는데 저는 조합원들이나 대의원들이나 자주 모이게 합니다. 매주 화요일 7시마다 조합 사무실에 오시는 분들 누구에게나 진행 상황을 보고합니다."

그간 여러 소송들로 갈등이 많은 구역이었지만 조합원들과의 신뢰를 쌓기 위한 노력들이 지속적으로 진행되고 있는 조합이다.

:: 추진위·조합의 투명한 운영 현장 ::

투명한 조합의 운영만큼 재개발·재건축 사업에서 중요한 것이 있을까? 구청 담당자들에게 상대적으로 모범적이고 사업이 잘 진행되거나 진행되었던 구역을 추천해 달라고 했을 때 대부분의 답은 "없는 것 같은데요."였다. 그러면 재차 물었다. 적어도 조합장이 구속 안 되고 크게 문제가 없거나, 작은 사례라도 공유할 만한 내용이 있는 구역을 추천해 달라고 하면 그제서야 자신의 구에서 한 곳이나 두 곳 정도를 추천해 주었다.

조합장들을 만날 때마다 조합장이라는 자리가 이런저런 유혹도 많이 받고 불신도 많이 받는 자리라는 말을 자주 들었다. 투명한 조합 운영을 위해서는 조합원들에게 끊임없이 정보를 제공하는 것과 사업과정에서 조합장이나 임원들의 비리가 없는 것이 기본일 것이다.

이 장에서는 조합의 운영을 투명하게 공개하는 법이나 시스템이 갖추어지지 않았을 때 나름대로 투명하게 운영하려고 노력했던 조합들을 소개한다. 마음가짐의 중요성은 백 가지 법보다 더 중요하며 지금도 여전히 요구되는 덕목이기 때문이다.

투명한 추진위와 조합을 위한 공공의 지원에 대해서는 클린업 시대가 오기까지의 과정과 공공관리 중 추진위 구성 지원 사례를 담았다.

대의원의 존재 이유

　북한산 래미안아파트는 2010년 입주를 끝낸 곳으로, 비슷한 시기에 재개발구역으로 지정된 인근의 다른 구역들에 비해 사업이 빨리 끝난 곳이다. 인근의 공사 중인 불광제4주택재개발구역과 거의 같은 시기에 사업을 시작했다. 또한 같은 시기에 사업을 시작했던 불광8구역은 여러 난제들로 추진위원회 승인을 취소하고 정비구역 해제 절차를 진행 중이다. 불광제6주택재개발구역은 이미 몇 년 전에 입주를 했으니, 재개발 사업 각각의 구역마다 사업기간이 얼마나 차이가 날 수 있는지 알 수 있다.

　불광제6주택재개발구역의 사업을 끝까지 이끈 조합장은 2대 조합장이다. 1대 조합장이 약 20억 원 상당의 공사금액이 지불되는 철거업체를 수의계약으로 지정하자, 주민들이 총회에서 이에 문제를 제기하고 조합장 재선거를 해 현재의 2대 조합장이 선거에 당선되었다. 2대 조합장은 문제를 제기했던 주민들 중의 한 명이었기 때문에 업체 선정 때 이권에 개입하지 않고자 했고 이를 실질적으로 조합원들에게 보여주고자 했다. 즉, 대의원회에서 업체 선정을 결정한 것이다.[7]

"업체 선정을 이사회에서 결정하지 못하게 했습니다. 결정 과정이 공개되지 않으면 업체 선정 후 늘 의혹 제기가 있고 소송이 따를 수 있기 때문이었죠. 저는 열 명 내외의 이사회에서 업체 선정을 좌지우지하는 것보다 대의원들이 결정하는 게 훨씬 공정하다고 판단했습니다.[8] 다만 자격요건 등에 대한 서류심사만 이사회에서 하게 했습니다. 대의원회는 30~40명 정도였는데 이 정도의 숫자만 되어도 어느 업체가 선정될지 예측할 수 없습니다. 이사 중 일부는 조합장에게 불만을 제기하기도 했어요. 사업의 결과에 무한책임을 지는 이사들이 어느 업체가 선정될지 예측할 수 없다는 것은 문제가 있는 게 아니냐고 우려했습니다."

무한책임을 진다고 표현한 이유는 이사들이 시공사에서 사업비를 빌릴 때 개인적으로 연대보증을 섰기 때문이다. 수십 억 원의 사업비를 8명의 이사들이 책임져야 했으니 일반주민인 이사들로서는 엄청난 부담이었다. 이런 이사들의 우려는 설득을 통해 해결했고 결국 업체 선정을 둘러싼 다툼으로 사업이 좌초되는 일이 생기지 않았다. 조합장

---

7) 대의원은 조합원 중에서 선출하며, 조합장이 아닌 조합 임원은 대의원이 될 수 없다. 조합에는 조합 사무를 집행하기 위해 조합장과 이사로 구성하는 이사회를 둔다. 이사회의 사무는 조합의 예산 및 통상업무의 집행에 관한 사항 등이다. 총회 의결로 정한 예산의 범위 내에 있는 용역 계약은 대의원의 의결사항이며 이사회는 총회 및 대의원의 상정안건의 심의나 결정에 관한 사항에 대한 사무를 집행한다. 현실은 표준정관에서 정한 역할의 구분이 잘 되지 않고 있다는 것을 보여 주는 예다.

8) 대의원도 조합원이고 이사회의 이사나 감사도 조합원이지만, 임원들이 조합장을 보좌하는 상근직이라면 대의원회는 조합장이 필요할 경우 소집하는 의결기구라고 할 수 있다.

| 단지 전경

이 결정할 수 있는 권한이 없으니 업체에서는 청탁을 하려고 하다가도 그만두었다고 한다. 흔히 재개발 사업에서 남이 하면 불륜이고 자신이 하면 로맨스라는 말을 많이 듣는다. 다른 사람이 추진위원회나 조합을 운영하면 비리가 많다고 비난하면서 막상 자신이 추진위원회나 조합을 운영하면 똑같은 문제를 일으킬 수 있다는 뜻이다. 불광6구역 조합원들은 적어도 똑같은 실수를 반복하지 않은 현명함 때문에 사업의 결실을 맺은 것처럼 보였다.

된장국을 먹었나?
갈비탕을 먹었나?

:: 마포구 상수제1주택재개발구역 ::

조합장을 만나 모범적인 주거정비사업구역을 찾아 사례집을 만들려고 한다고 말하자, 먼저 대부분의 재개발 사업구역에서 생길 수 있는 애로사항들로 이야기를 시작했다.

첫째, 조합장을 할 사람은 많은데 할 만한 사람이 없다는 것이다. 재개발 사업을 진행함에 있어 사업의 절차를 잘 알아도 수십 가지의 건설 전문지식을 갖춘 사람이 없고, 있다고 한들 지역 환경이나 주민의 성향을 알고 주민의 신뢰를 받는 사람이 없다는 게 현실이라고 했다. 지역 주민 중에서 조합장이 되고 두 번 이상 조합장을 하는 경우가 사실상 거의 없기 때문에[9] 모든 절차가 매번 처음 해 보는 일이라는 것이다. 대부분의 업무는 1년 정도 하면 이후부터는 반복되는 일이 많은데

---

9) 주택재개발정비사업조합 표준정관에 의하면 조합 임원은 조합설립인가일 현재 사업시행구역 안에 1년 이상 거주하고 있는 사람에 한하여 선임된다. 평균 사업기간이 10년이고 재개발 사업이 완료된 후 다시 사업을 할 일이 없기 때문이다.

재개발 사업은 50여 단계와 절차에서 반복되는 업무가 없다.

두 번째 어려운 점은 사업기간이 길다는 것이다. 상수1구역도 현재 약 10년째 사업이 진행 중이다. 사업을 처음 시작했던 2003년에는 구역 내 땅값이 평당 200~300만 원이었던 게 2011년 관리처분 때는 평당 2,000~3,000만 원 이상 거래되는 등, 사업기간이 길다 보니 조합원들 사이에 가격에 대한 이견이 천차만별로 발생하게 된다. 보통 사업을 하면 사업의 주체가 사업이 끝날 때까지 바뀌지 않지만 재개발 사업의 경우는 매 단계마다 조합원들이 주택이나 토지 등을 사고파는 과정에서 달라지기 때문에, 엄밀하게 말하면 사업에 참여하는 사람들이 조금씩 달라진다. 조합원이 바뀔 때마다 요구하는 것도 바뀌고 또 관련법과 부동산 시장이나 토지가격 등 모든 것이 바뀐다.

이런 문제를 보완하기 위해 전문적인 직업인으로서의 조합장이 가능할지 물어보았다. 상수1구역 조합장은 "조합장은 주민들 사이에 신망이 있어야 하는데 전문적인 직업인은 지역에 기반이 없으므로 불가능할 거예요."라고 했다. 하지만 한편으로는 전문가로서의 조합장이 필요하다는 것을 느낀다고 덧붙였다. 자신도 행정이나 법, 민원 쪽에는 어느 정도 지식이 있었지만 건축에 대해서는 지식이 없어 챙기지 못하는 게 많다고 한다.

"조합장 자격시험 같은 게 있어도 좋을 것 같아요. 예를 들면 조합일을 무리 없이 이끌어 본 사람들 중에서 자격시험을 거친 후 어느 구역에서 조합장이 필요하면 그분들 중에 주민들이 선택하는 방식도 가능할 것 같아요."

지역 주민 출신 조합장은 지역에 대한 애정이 남다르고 주민들을

| 항상 문이 열려 있다는 조합장실.

잘 안다는 장점이 있고, 직업인으로서의 조합장은 회사의 전문 경영인과 같은 개념이니 전문 경영인들의 장단점은 재개발 사업에서도 비슷하게 나타날 것이다. 지역에서의 기반과 전문성을 둘 다 갖춘 사람이 있다면 좋겠지만 하나만 선택해야 한다면 무엇이 더 중요한 요소일까 하는 고민을 불러오는 주제다.

"조합장 자리의 가장 큰 문제는 잘해도 실적을 기록할 곳이 없고, 못하면 속된 말로 끝장이 난다는 겁니다. 물론 임기가 있고 재선출의 과정이 있지만 실적이 명시화되지 않는다는 게 가장 큰 문제입니다. 잘되면 조합원 덕분이고 사업성이 좋은 지역이어서라고 생각하기 때문에 실적을 신경 쓰지 않게 됩니다. 대부분의 조합 임원진은 시작할 때는 열의를 갖고 임하지만 시간이 조금 지나면 무능하다거나 도둑놈 소리를 듣기 시작하고, 좋은 게 좋은 거라는 생각을 하면서 적당히 끝내

게 된다는 게 문제입니다. 세상에 적당히 해서 잘되는 일은 없습니다. 전념하지 않으면 안 됩니다.

사실은 조합장이 어떻게 하느냐에 따라 총사업비 지출액의 10퍼센트는 변동이 있다고 봅니다. 그런데도 조합원들은 조합장이 점심을 된장국을 먹었는지 갈비탕을 먹었는지만 따집니다. 칼에 찔려 염통 곪는 줄 모르고 손톱 밑에 배접 드는 것만 안다는 속담의 의미를 생각해 보아야 합니다."

조합장은 자신이 그간 느낀 솔직한 심정을 이야기했다.

협력업체와의 계약과정에서 생기는 비리에 대해서도 의견을 물어 보았다. 조합원들이 조합을 믿지 못하는 중요한 이유가 되기 때문이다. 큰일은 아니지만 그래도 자신만의 원칙이 있다고 했다. 그는 한 번도 조합장실 문을 닫아 두지 않았다고 한다. 조합 사무실마다 생김새가 다르지만 이곳은 조합장실이 따로 있었다.[10] 365일 24시간 조합장실 문을 열어 두었는데 총무이사나 조합 임원들이 모두 협의 내용들을 들을 수 있도록 하기 위해, 그리고 협력업체들과 조합장이 깨끗하지 못한 거래를 한다는 오해를 받지 않기 위해서였다.

"이렇게 하는 건 조합장이 청렴하게 진행한다고 말하는 것보다 훨씬 효과적인 방식이라고 생각합니다. 또 제가 지키고 있는 다른 원칙으로는 절대로 사무실 밖에서는 업무 이야기를 하지 않고 만나지 않습니다. 물론 실천하기 쉽지 않지요."

그는 이렇게 말하며 얇은 칸막이벽을 다시 한 번 쳐다보았다.

---

[10] 요즘은 조합장실이 따로 없고 직원들과 사무실을 같이 사용하는 경우가 많다.

너무 깨끗해도 탈 난다?

:: 성북구 길음제8주택재개발구역 ::

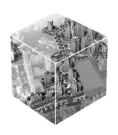

이 구역의 조합장은 구속된 적이 있어 처음에는 사례로 실을 수 있을지 고민했으나 다른 조합에서도 참고할 만한 것들이 있어 소개하기로 결정했다. 구청 담당자가 처음 이 구역을 소개해 줄 때 이런저런 이야기를 하면서 조심스레 조합장이 구속까지 되었다가 풀려난 곳이라고 했다.

인터뷰를 시작하면서 조합장은 재개발 사업에서 가장 중요한 단어를 하나만 꼽으라면 '양심'이라고 말하고 싶다고 했다. 조합장이든 반대 주민이든 업체든 기본적인 양심만 지키면 모든 것이 문제될 게 없다는 것이다.

그렇다면 조합장이 구속까지 되었던 이유는 무엇 때문이었을까? 구청 직원으로부터 이야기를 듣고 왔다고 하자 잊을 수 없는 일을 겪은 사람들이 대부분 그렇듯 자신에게 무슨 일이 일어났었는지를 모두 기억해 쏟아 냈다. 마치 사건기록문을 읽는 것 같았다.

그는 45년 전 무일푼으로 이 지역에 들어와 살기 시작했다고 한다. 과거에는 택시도 동네로 들어오지 않으려고 했을 만큼 낙후된 곳이었다. 2005년 재개발 사업이 시작되던 때 조합장은 이곳에서 어느 정도 자리를 잡았고, 마을금고 이사장도 하면서 지역을 위해 일하고 싶은 마음이 있었다. 주민들로부터 조합장으로 추천을 받기 시작할 때 돈이 없어 조합장을 하지 않겠다는 말을 인근에서 조합장을 하고 있던 지인에게 했던 게 사건의 발단이었다. 그 조합장은 자신의 금고에서 돈을 꺼내 빌려 주었다.

"그 사람의 개인 돈으로 알고 빌렸지만 곧 갚았습니다. 돈을 갚으면서 영수증을 복사해 놓지 않았다면 아주 힘든 상황이 되었을 겁니다. 나중에 알고 보니 한 협력업체의 돈이었죠. 제가 돈을 갚았다는 것은 그 상황에서 깨끗하다는 뜻이었습니다. 같이 계속 갈 수 없는 사람이라고 판단한 사람들이 저를 제외시키려고 했던 것 같습니다. 누군가의 입을 통해 조합장이 돈을 받았다는 제보가 들어갔습니다. 제 생각에는 그 일을 주도한 사람들이 저를 구속까지 시킬 의도는 아니었던 것 같아요. 하지만 결과는 그렇게 되었죠."

조합장은 아침밥을 먹다가 그대로 체포되었다. 수사 전 체포였다고 한다. 이후 무혐의로 풀려났고 검사를 상대로 소송해 무고한 피해에 대한 보상금도 받았다. 자식들의 계좌까지 모두 추적당하고 또 자신이 겪은 고초를 생각하면 정말 소설을 한 권 쓸 정도라고 했다. 그에게 돈을 빌려 주었던 인근 지역의 조합장은 구속된 상태다.

현재와 달리 당시에는 시공사 간의 수주 경쟁도 치열했던 때였기에 그는 조합장들이 어떠한 유혹을 받는지 너무나 잘 안다고 했다. 대부

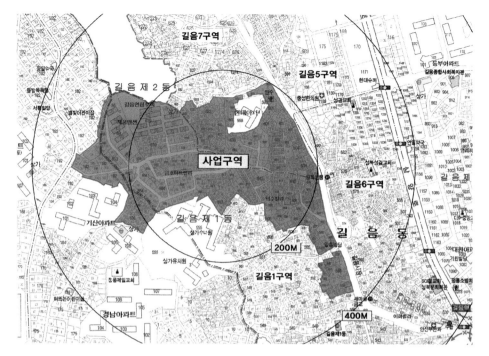

| 위치도.

분 우회적으로 돈이 거래되기 때문에 자신도 잘 모르는 상태로 부정을 저지를 가능성이 있었다고 한다. 조합장은 이 사건 이후 변호사로부터 '행동강령' 같은 주의사항을 들었다.

"여름철에 양복 상의를 벗어 놓고 나서 주머니에 돈이 있는 걸 발견하면 24시간 내에 돌려주라고 했습니다. 자신도 모르게 받은 건 24시간 이내에 무조건 돌려주면 괜찮다고 했습니다. 저는 협력업체로부터 밥 한 번 대접받은 적이 없었습니다. 총무이사에게도 이를 지키도록 부탁했죠. 부정은 작은 것에서부터 시작되기 때문입니다."

이 동네에 처음 정착했던 그 시절을 떠올리면서 이야기할 때 조합장의 눈에는 눈물이 맺혔다. 구속된 적이 있는 조합장이라는 주홍글씨

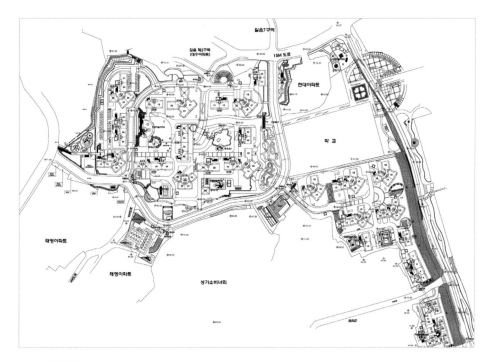

| 배치도.

가 새겨진 그는 과거에서 쉽게 벗어날 수 있을까? 그래서인지 그는 조
합장이란 자리는 봉사정신을 가지고 누가 알아주지 않더라도 양심을
지키면서 해야 한다는 것을 거듭 강조했다.

클린업 시스템 시범 등재 조합

:: 성동구 행당제5주택재개발구역 ::

　이 구역은 서울시 재개발·재건축 정보 공개 시스템인 서울시 클린업 시스템 시범 등재 구역이다. 무슨 일이든 처음 시작하는 일은 힘들기 마련인데, 이 조합은 클린업 시스템이 구축될 수 있도록 조합과 관련된 모든 정보를 공개하는 데 적극적으로 협조했다.

　지금은 서울시에서 노력해 재개발 사업과 관련된 많은 정보들이 조합원들에게 공개되고 있으나 예전에는 정보들이 잘 공개되지 않았다. 그 때문에 많은 문제들이 있었고 이를 개선하기 위해 클린업이라는 시스템을 서울시에서 구축한 것이다. 지금은 조합원이면 누구나 자신의 구역에 관련된 계획 내용이나 분담금 등의 정보를 알 수 있지만 쉽게 이룬 성과는 아니다. 재개발·재건축 사업의 역사에서 클린업 시대 전과 후로 구분될 만큼 인터넷을 통한 사업의 정보 공개는 큰 변화라고 할 수 있다. 클린업 시스템은 2009년 10월 사업을 시작한 이후 지금까지 프로그램 개선을 위한 노력이 진행 중이다.

클린업 시스템은 어떻게 만들어졌을까?

"클린업 시스템이 만들어지기 전에는 추진 주체나 조합은 카페나 웹하드, ASP 게시판 등을 이용해 사업 정보를 제공하고 있었습니다. 하지만 글을 올리는 것도 번거로운 과정이었고 개인정보가 노출되는 등 여러 가지 문제가 있었습니다."

클린업 시스템 구축을 담당했던 초기 작업자들의 이야기다.

서울시에서 시스템 구축에 대한 입장을 정한 후 정비사업자와 컴퓨터 시스템 업체가 함께 TF팀을 구성했다. 제일 먼저 시작한 작업은 주민들의 알권리를 충족시켜 주겠다는 취지에 맞추어 사업의 진행 단계별 공개항목을 정리하고 자료들 중에서 꼭 공개되어야 하는 자료를 요약 항목이라는 이름으로 정리하는 일이었다. 예를 들면 클린업 홈페이지에 올리는 총회자료 중 꼭 있어야 하는 자료 목록을 만드는 일이다. 또 임시 홈페이지를 운영하면서 직접 자료를 입력시켜 보는 일을 했다. 시범적으로 자료를 입력할 구역을 선정해야 했는데 이는 조합의 협조가 필요한 사항이었다.

약 700개의 서울시 조합 전화번호를 확보한 후 전화를 걸어 새롭게 만드는 시스템에 참여할지에 대한 의사를 타진했다. 당시 2개 구역이 선택되었는데 동작구 정금마을 재건축조합과 성동구 행당5구역이었다. 정금마을은 당시 TF팀의 정비사업자가 추천해 주었는데, 시스템 업체 사무실과 가까운 구역이라는 점도 작용했다. 행당5구역은 구청에서 추천했다.

행당5구역 조합장은 어느 날 구청으로부터 전화를 받았다. 조합의 운영을 지켜본 구청 담당자가 시범 입력 구역으로 추천을 한 것이

| 행당5구역 전경과 행당동성당 부속건물.

다. 구청 직원은 조합장님 구역은 웬만한 사람들로부터 다 청렴한 곳
으로 칭찬받으니 이런저런 사람들이 가면 협조를 해달라고 말했다고
한다. 조합장은 흔쾌히 승낙했다. 그는 당시 분위기를 회상하며 이렇
게 말했다.

　"당시 서울시에서 관련된 사람이 5명 정도 조합 사무실로 일주일 정
도 파견 와서 필요한 내용들을 모두 시스템에 입력했습니다. 조합 사무
실 가운데 있던 큰 테이블에 서류를 모두 꺼내 놓고 입력을 했습니다.
물어보는 것들을 답해 주고 자료를 찾아 주고 했죠. 너무 바빠서 개인
적인 이야기를 할 시간도 없었습니다. 그분들이 저희보다 더 아침 일
찍부터 일을 시작하고 밤늦게까지 작업을 했기 때문에 아예 조합 사무

| 많은 개선을 거쳐 운영되고 있는 클린업 홈페이지.

실 열쇠를 주었습니다."

당시 시스템에 입력하는 일을 맡았던 직원은 다음과 같이 말했다.

"정금마을재건축 조합은 사업시행인가 단계였고 행당5구역은 공사 중이었습니다. 이 때문에 한꺼번에 몇 년 동안의 자료를 입력하는 건 쉽지 않은 일이었습니다. 지금처럼 첫 단계부터 입력을 하는 상황이면 자료가 밀려 있을 일이 없을 텐데, 두 구역 모두 사업이 상당히 진행된 시점이었기 때문에 입력할 자료가 상당히 많았습니다. 파견 나간 직원이 자료를 입력하고 입력된 내용을 다시 상급자가 나가서 점검하는 방식이었습니다."

이런 과도기를 거치면서 입력하는 구역이 확대되기 시작했다. 서울시 전체를 4개 권역으로 나눈 뒤, 4명의 팀장이 점검을 하고 입력은 임시직원들이 주로 했다.

"문건이 없는 경우나 유실된 경우가 많아 애로사항이 많았어요. 또 스캔을 받은 자료 중 정보 공개를 하면 문제가 되는 주민등록번호 등을 지우는 과정을 거쳐야 했기 때문에 시간이 많이 소요되었습니다. 조합 정관 스캔을 한 후 올릴 때 용량이 커서 어려움을 겪기도 했죠. 직원들이 보안각서를 쓰고 진행했지만 소송이 걸려 있거나 관리처분이 안 된 경우는 조합 측이 자료를 못 주겠다고 하는 경우도 있었습니다. 공개 항목이 너무 많다는 불만부터 조합의 월별, 연간 자금운영 계획을 요구할 때는 민감하게 반응해서 직원들이 힘들기도 했습니다."

이런 우여곡절을 겪은 후 2010년 3월 사업이 일단락된 후 클린업 시스템을 오픈했다. 당시 업무를 맡았던 컴퓨터 업체의 담당 팀장은 행당 5구역이 다른 조합과 다른 점이 있었다고 기억했다.

"여러 조합들을 다니면서 이런저런 모습들을 많이 보았는데 이 조합 사무실에는 늘 주민들이 많이 있었던 것 같아요. 조합원들이 사업에 적극 참여하고 함께하는 분위기였습니다."

조합장이 정보 공개에 대한 자신감이나 의지가 없었다면 시범적으로 자료를 입력하는 일을 지원하지 않았을 것이다.

"처음 구청에서 요청을 받았을 때 흔쾌히 승낙한 건 사업을 하면서 모든 사항을 조합원들에게 공개하면서 일을 했기 때문에 숨기거나 숨기고 싶은 부분이 없었기 때문입니다."

행당5구역은 이렇게 정보 공개 시스템이 작동될 수 있도록 밑거름이 된 구역이라는 점에서 의미가 있는 구역이다.

첫 단추를 잘 채워야

:: 서초구 반포주공1단지(1,2,4주구)주택재건축구역 ::

재개발·재건축 사업에서 추진위원장이나 조합장을 잘 뽑는 것은 아무리 강조해도 지나치지 않는 부분이다. 재개발·재건축 사업도 사람이 하는 일이라 사람에 의해 좌우되는 면이 많기 때문이다. 사실 사업비 규모가 수천억에서 수조 원에 이르는 것을 감안하면 사업을 잘 이끌고 갈 사람을 뽑는 것은 무척 중요하다. 거기다 사업이 잘 되지 않을 경우에는 수백 명에서 수천 명 주민들의 재산과 그 재산을 모으기 위해 고생한 삶들이 물거품이 되는 문제이기도 하기 때문이다.

공공관리의 역할 중 '예비추진위원장 및 감사의 선거 지원과 추진위원회의 구성을 공공에서 지원하는 것'은 사업의 첫 단추 채우기를 도와주는 것이라고 볼 수 있다. 공공관리로 예비추진위원장을 뽑은 구역을 2곳 방문했는데 한 구역은 낙선자가 사업 미동의자가 되었고, 한 구역은 낙선자가 비대위가 되어 있었다. 그 나름의 이유들이 있었겠지만 공공의 재정을 투입하여 지원한 선거의 결과로서는 만족스럽지 못한

| 후보자 공명선거 결의 모습.

측면이다. 서울시 공공관리 지침에는 "낙선 시에는 추진위원에 선임되는 것을 동의하여 향후 정비사업이 원활히 추진될 수 있도록 적극 협조함을 각서합니다."라는 문구가 있는 입후보자 이행각서가 있다. 후보자들은 각서를 모두 작성하고 시작한 사람들이다. 그렇기 때문에 낙선자가 사업에 찬성하고 조합을 돕는 구역을 찾는다는 게 쉽지 않다는 것은 아이러니한 상황이다.

예비추진위원장 낙선자가 사업에 찬성한 구역

예비추진위원장 낙선자가 사업에 찬성하는 구역이 있다고 하여 찾아간 곳은 반포주공1단지(1,2,4주구)주택재건축구역이었다. 1973년 준공되어 2013년 현재 40년이 된 아파트 단지로, 아파트가 66개 동, 상가가 16개 동으로 모두 82개 동이고, 토지등소유자 수가 2,300명(아파

| 합동연설회에서 공약을 듣는 주민들.

트 2,120세대)이 넘는 대규모 아파트 단지다. 반포동의 대형 평수들로 구성된 아파트의 추진위 사무실은 아파트 관리 사무소 뒤쪽에 있는 작은 컨테이너 박스였다.

인터뷰를 하러 갔을 때는 조합설립 동의율 90퍼센트를 확보한 상태로, 재건축 안전진단도 주민들이 돈을 모아 진행할 만큼 사업에 대한 동의율이 높았다. 하지만 재건축 조합설립 동의요건인 전체 소유자의 4분의 3 및 동별 3분의 2의 조건 중 한 개 동에서 3분의 2 동의조건을 만족하지 못해서 사업이 진행되지 못하고 있었다.

조합설립을 위해서는 세 사람의 동의가 부족한 상황이었다. 예정된 일정보다 상당히 늦은 상태였고, 사업이 제대로 되지 않을 수도 있었다. 하지만 인터뷰 목적이 예비추진위원장 선거 지원과 추진위 구성지원에 대한 것이었기에 관련된 내용에 대한 인터뷰를 진행했다. 이

| 예비임원 선거를 진행한 투표소 모습.

후 사업 진행 상황을 확인해 보니 결국 한 동을 제외하고 조합설립 승인을 받았다.

추진위원장은 전반적으로 구청이 선거를 지원하는 건 긍정적이라고 평가했다. 물론 과정이 다소 복잡하고 번거롭게 느껴지기는 하지만 추진위가 난립하는 문제가 발생하지 않기 때문이라고 했다. 이 구역은 당선자가 예비추진위원장 선거 전부터 아파트를 위해 많은 노력들을 하고 있었기 때문에 사실 압도적인 표 차로 당선되었다.

"후보자로 나왔던 다른 한 분은 외부에 거주하는 분이었습니다. 저는 전부터 아파트를 위해 일을 하고 있어서 당선이 된 것 같습니다."

추진위원장은 2009년 법률 의견서를 제시하여 국토해양부 장관으로부터 반포아파트지구 재건축 사업은 정비계획 변경 시 인구영향평가에 의한 1.421배 세대밀도 제한을 받지 않을 수 있으며, 수도권정비

| 당선자의 인사가 담긴 플래카드.

위원회의 심의를 받지 않아도 된다는 답변을 받아 사실상 재건축이 가능하도록 하는 등 아파트를 위해 여러 가지 일들을 해오고 있었다.[11]

공공관리에 대한 솔직한 의견도 말해 주었다. 선거 과정은 구청 주도로 진행되었는데 정비업체가 구청과 계약되었기 때문에 좋은 점도 있고 한편으로는 아쉬운 점도 있었다. 추진위원장 입장에서는 사업에 대한 자문을 정비업체로부터 더 받고 싶은 부분들이 있었기 때문이다. 추진위를 구성할 때 필요한 동의서도 법적 요건을 넘은 후에는 더 이상

---

11) 2009년 4월 도정법 개정으로 주택재건축 사업 시 「수도권정비계획법」에 따른 허용 세대 수 제한을 적용받지 않을 수 있도록 개정되었다. 국토해양부 서면 질의 결과 세대밀도 1.421배 규제 해소는 수도권정비위원회의 심의를 받아야 한다는 답변을 들었지만 법률의견서를 제출하여 2003년 11월 「수도권정비계획법 시행령」 개정으로 아파트지구 재건축 사업이 수도권정비위원회 심의를 거쳐야 하는 대규모개발사업의 종류에서 제외된 사유를 제시했다. 2009년 12월 국토해양부 장관으로부터 수도권정비위원회 심의를 받지 않아도 된다는 답변을 받았다.

진행하지 않았는데 추진위 입장에서는 더 받을 수 있으면 받아 주었으면 하는 입장이었다. 대규모 재건축 사업이기 때문에 사업인가 때까지 필요한 운영비와 사업비를 조달하는 어려움도 있다고 했다. 공공관리로 추진위원장을 선출한 구역에서 낙선자가 사업에 찬성한 구역을 찾아왔는데 사업까지 잘 진행될지 지켜보아야 하는 구역이다.

○○정비구역 조합설립추진위원회

(위원장·감사) 선출에 따른

이 행 각 서

□ **입후보자 인적사항**
○ **성　명 :**
○ **생년월일 :**
○ **주　소 : 서울시 ○○구 ○○동　 －**

상기 본인은 ○○정비구역 조합설립 추진위원회 (위원장·감사) 후보로 등록하며 공명선거 및 선거결과에 승복하고 낙선 시에는 추진위원에 선임되는 것을 동의하여 향후 정비사업이 원활히 추진될 수 있도록 적극 협조함을 각서합니다.

.　. (일자기재)

위 각서인　성 명 :　　　　(인)

붙임 : 인감증명서 1부

○　○　구　청　장　귀　하

| 서울시 공공관리 지침 중 입후보자 이행각서 양식

사업시행인가와
관리처분계획인가

:: 사업 아이디어 창출하기 ::

　조합 집행부는 사업을 진행하면서 주민들과 신뢰를 형성하기 위해 노력해야 할 뿐만 아니라 주민들을 위해 좋은 사업 아이디어를 많이 내어야 한다. 조합설립 전후로는 사업 추진을 위해 여러 가지 일이 동시에 진행되는 단계다.

　조합 특성에 따라 차이점이 있으나 사업시행인가를 위해서는 아이디어도 필요하고 협상도 필요하다. 다른 사업처럼 재개발·재건축 사업도 늘 아이디어와 다양한 협상력이 요구된다. 더불어 재개발·재건축 사업은 두 가지 측면을 동시에 가지고 있는 사업이다. 공공성과 조합의 이익 두 가지를 동시에 고려해야 한다는 점이다. 구역 특성에 따라 사업의 아이디어들은 달랐지만 공유할 만한 가치가 있는 사례들을 소개한다.

한옥을 품은 아파트단지

:: 마포구 용강제2주택재개발구역 ::

용강동 일대는 조선시대부터 이어져 온 오래된 마을이 있었던 곳이다. 마포구 용강제2주택재개발구역 안에는 20여 채의 한옥들이 있었는데 대부분은 보존가치가 낮은 건물들이었다. 하지만 그 가운데 역사적 가치가 있는 전통 한옥 건축물이 한 채 있었는데, 명성황후의 오빠로 호조참판 등을 지낸 민승호가 살던 사가 혹은 별장 등으로 전해지는 한옥 건축물이다. 일부 행랑채 등은 소실됐지만 약 300제곱미터 규모로 'ㅁ'자 형 행랑채와 안채, 사랑채가 남아 있었고 전통 한옥의 창호가 아름답게 유지되어 보존가치가 높았다.

이 건물은 이후 여러 사람들의 소유를 거쳐 현재 조합원 소유가 되었다. 구역 지정에 따른 문화재 지표조사 당시 이 건물을 이전 복원해야 한다는 의견이 제시되었다. 이후 문화재 현상변경심의를 모두 7차례 했는데 초기부터 아이디어가 나왔던 것은 아니다. 민 대감 한옥을 이축하려고 해도 부근에 이전할 만한 부지를 찾기 힘들었다. 1~2차 회

민 대감 집 아래채 모습.

의는 결렬되고 3차 회의 때 위원들 중 경기대 안창모 교수와 한국문화연구원 박준범 원장이 아이디어를 제시했고, 이것이 해결책이 되었다.

이 두 사람이 조합 사업이 가능하고 민 대감 한옥도 활성화될 수 있는 현재의 방법을 제시해 주었다. 즉, 인근 구역인 용강1구역에 있는 정구중 가옥 옆으로 이 한옥을 이축하는 방법이다. 정구중 가옥은 문화재이긴 했지만 그동안 지역 내에서 존재감이 별로 없었다. 정구중 가옥은 도시의 제약된 좁은 집터에 오밀조밀하게 지은 전통 한옥 구조로, 시도 민속자료 제17호(마포구)로 지정되어 있다.

한옥 클러스터

비록 도로 건너편이지만 이 한옥 살림집과 인접한 곳으로 민 대감 한옥을 이전하면 한옥 클러스터가 형성되고 정구중 가옥도 더 주목을 받는 효과가 생길 것으로 기대되었다. 전통 경관이 확장되는 것이다. 이러한 제안은 방치되어 활용도가 떨어져 있는 기존 문화재의 활용가치를 높이는 방안이었지만, 막대한 사업비가 들어가는 데다 한옥에 대해 전문적인 지식이 없는 조합으로서는 심사숙고를 할 수밖에 없었다. 조합에서는 한옥 이전 복원과 이의 활용을 위해 전통 건축 전문회사에 용역을 발주했다. 전문가들은 이축한 민 대감 한옥 주변으로 주민들을 위해 한옥을 더 짓고 한옥 놀이터도 계획하여 한옥공원을 제시했다.

하지만 이전에 따른 약 35억 원의 공사비용을 조합에서 부담해야 했고, 비용을 부담해도 한옥의 관리와 운영 등의 문제를 책임져야 한다는 점 때문에 조합이 쉽게 결정을 내리지 못하고 있을 때, 마포구청에서 한옥이 아파트 단지와 함께 있는 게 분양 때에도 특색 있는 단지

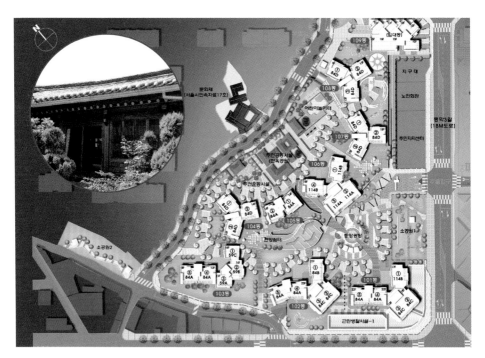

| 기존 정구중 가옥(사진 안)은 이전하는 민 대감 한옥과 함께 전통 경관을 확장시켜 줄 것이다.

로 작용해 손해 보지 않을 거라고 설득했다. 사실 전문가들과 함께 건물 옥상에 올라가 한옥을 내려다보며 보존 방향에 대해 같이 고민했던 구청 직원들은 조합의 애로점을 잘 이해하고 있었다. 구청과 조합은 일단 한옥을 구역 내로 이축하기로 하고, 이축에 따른 비용을 상쇄시켜 줄 아이디어를 함께 모색했다.

"정구중 가옥은 문화재였기 때문에 새로 지어질 아파트는 앙각[12]을 적용 받아야 했습니다. 구청은 민 대감 한옥을 이축하는 대신 앙각의 적용을 일부 완화 받도록 제안했습니다. 앙각을 일부 적용 받지

---

12) 물체에 대한 관측자의 시선이 지평면과 만드는 각을 말하며, 문화재 주변으로는 일정 각도를 정하여 높은 건물이 들어서지 못하도록 하고 있다.

| 높은 층에서 바라본 한옥의 모습(안).

않으면 층수 완화의 효과가 있었습니다. 구청과 조합이 서로 한 가지 씩 양보하여 대안을 만들어 내었다고 생각합니다." 조합장의 말이다.

문화재 현상변경심의를 7회 만에 통과한 후 한옥과 관련된 사업 내용은 일단락되었지만, 한옥을 조성한 후 조합은 한옥공원을 서울시나 마포구에 팔고 싶었다. 한옥공원의 조성비는 35억 원 정도로 추산되는데 반값이라도 받을 수 있으면 그러고 싶었다는 것이다. 운영과 관리에 대한 자신감이 없었기 때문이다.

철거에 들어가고 막상 이축을 해 보니 30퍼센트 정도 기존 자재를 재활용할 수 있을 거라는 초기 예상과는 달리 10퍼센트 정도의 자재만 활용이 가능한 것으로 드러났다. 또 건물 주인이 기부한 민속품들은 이축한 한옥에 전시할 예정이었는데 현재 관리에 어려움을 겪고 있다. 뒤주 등 고가구나 도자기들 약 80점을 조합에서 보관하고 있으나 수리하고 손질을 해야만 전시가 가능한 상태다.

조합에서는 공공에게 한옥공원을 매각할 수 있는 기회가 오지 않자 아파트 분양 때 한옥공원을 주민들이 사용하는 것으로 광고했다.

"새로 짓는 정자는 티하우스로 쓰고 민 대감 한옥은 게스트하우스로 사용할 계획입니다. 놀이터는 전통과 현대가 복합된 형태로 생각하고 있습니다."

자연스럽게 아파트들이 이축한 한옥을 둘러싸고 있어 한옥으로 조성된 외부공간을 두 재개발 구역의 주민들이 눈으로 보고 즐길 수 있게 되었다. 하지만 조합장은 한옥 관리에 대한 고민이 많다.

"이미 분양 광고를 했기 때문에 청산하기 전에 관리에 대한 대책을 제가 마무리해야 할 것 같습니다. 용강1구역의 정구중 가옥은 문화재이자 개인 것으로 관리에 대한 예산이 나옵니다. 저희 한옥은 비록 문화재는 아니지만 문화재청이든 서울시든 협의해서 예산을 받아 볼 생각입니다. 그 대신 서울시나 마포구가 행사 등에 한옥을 사용할 수 있도록 하고요."

마포구에서도 앞으로의 한옥 활용 방안에 대해 고민하고 있다.

"지역에 개방되지 않는 한옥은 그 가치를 알릴 기회가 없습니다. 하지만 조합과 아파트 관리 주체는 엄연히 다른 주체고, 개인들의 재산임은 틀림없습니다. 또한 관리 문제도 예상됩니다. 주민 공청회 등을 통해서 의견을 모아 볼 생각입니다."

향후 관리에 대한 여러 가지 고민들이 많았지만 특색 있는 아파트 단지가 될 것이라는 점은 분명해 보였다.

2014년 가을에 예정대로 완공이 되면 재개발 사업에서 한옥을 잘 활용한 사례로 다른 구역의 참고가 될 것으로 보인다.

땅 서로 바꾸기(대토代土)

:: 성북구 정릉·길음제9주택재개발구역 ::

　정릉·길음제9주택재개발구역은 정비기본계획대로라면 사업이 불가능했을지도 모를 만큼 도로 계획이 불합리한 측면이 있었고, 구역이 6개의 분리된 획지로 구성되어 있었다. 공공건물부지, 종교시설부지 2블록, 상가부지, 주거지 2블록으로 조각나 있었기 때문에 법적으로 보장된 용적률 230퍼센트를 사용하기에도 벅찬 상황이었다.

　주거용지 활용도를 높이기 위해 구역을 다시 계획하는 과정은 상당히 많은 협의 과정이 필요했다. 도로를 재계획하기 위해 인근의 수녀원과 협의를 지속적으로 해야만 했고, 수녀원의 주출입구와 부출입구 등을 새로 계획했으며 도로의 경사도를 재조정했다.

　이 구역은 구역 경계가 유난히 들쑥날쑥했기 때문에 조합과 협력업체는 사업성을 향상시키기 위해 구역 경계를 정리하는 작업을 했다. 사업성을 높이는 데는 여러 가지 방법이 있겠지만 구역의 경계 조정은 용적률을 올리지 않고도 사업성을 향상시킬 수 있는 방법들 중 하나다.

| 기본계획고시 당시 분리된 획지.

| 대토작업을 통해 구역의 경계를 정형화한 사례.

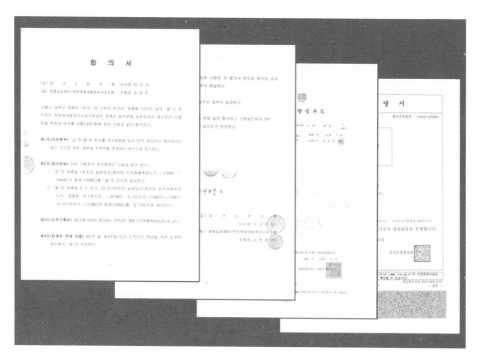

| 대토 합의서.

구역의 경계를 반듯하게 정형화해서 대지의 활용도를 높이면 건축물
을 계획하기가 쉽고, 이는 사업성 향상과 연결된 문제다. 조합은 구역
경계의 정형화를 위해 여러 집단들과 대토(代土) 협의를 했다.

"구역 안에 있는 길음성당, 미아감리교회와 구역 외부에 있는 성가
수녀원, 정릉1동제일재건축조합과 각각 대토 작업을 했습니다. 주민
들이나 종교 시설들과의 협의만큼 많은 시간을 쏟아부은 일이었습니
다. 대토 작업을 저희 구역만큼 많이 한 곳이 있을까 싶습니다. 사업성
을 만들어 가기 위한 노력이었지만 작업량이 상당히 많아 무척 고생
을 했습니다."

다소 지루하고 시간과 인력이 많이 드는 과정이지만 이런 노력이야

말로 주거환경을 개선하고 도시환경도 개선하는 것이다.

노후 주택지를 새로운 주택지로 만드는 과정에는 눈에 보이지 않는 과정들이 있다. 한 예로 불부합지[13]가 많다는 것이다. 정릉동과 길음동에서 각각 측량을 시작했더니 가로 방향으로 20미터 정도 차이가 생겼다. 이를 모두 정리하는 것도 대토 작업만큼 많은 공이 들어간 부분이다.

---

13) 지적공부의 등록내용, 즉 소재, 지번, 지목, 경계, 좌표, 면적, 소유자 등이 실제와 일치하지 않는 토지를 말한다.

:: 공공과의 협상법 ::

　재개발·재건축 사업을 진행하다 보면 다양한 공공기관들과 함께 협상을 진행하게 되고 관계를 맺게 된다. 예를 들면 서울시나 구청뿐만 아니라 교육청 등과도 협의를 해야 한다. 법과 조례로 하는 일인데 서울시와 무슨 협상이냐고 생각할지 모르나 서로 협의를 하면 할수록 생각하지 못했던 좋은 결과가 나올 수 있다.

　구청과는 공공시설로 협상한 사례를 다루었다. 재개발 사업에서 시와 구를 제외한 중요한 공공기관은 교육청이다. 재개발이나 재건축 구역들이 대부분 주거환경을 개선하는 것이 1차 목적이지만, 아파트만 많이 짓고 학교가 없는 것은 또 다른 문제를 발생시켰기에 사업을 할 경우 학교 부지 확보에 대한 요구가 많다. 그렇기 때문에 일부 조합은 교육청과 학교부지와 관련된 협의를 했는데, 이는 사업 진행에 큰 영향을 주기도 한다. 서울시, 구청, 교육청 모두 사업과정에서 중요한 역할을 하는 주체들이기에 사례에 포함시켰다. 교육청과의 협의 사례는 모범 사례가 아닌 것들도 포함되었는데, 향후 사업을 진행할 경우 참고할 가치가 있다고 판단되어서였다.

　서울시의 변화하는 정책들은 조합 입장에서는 협상 대상은 아니나, 사업기간 증가에 따른 사업성의 유·불리를 판단해서 반영할지 여부를 조합이 선택하기도 했다.

끊임없이 변화하는 정책과
시간과의 저울질

:: 마포구 현석제2주택재개발구역 ::

모든 구역들이 끊임없이 변화하는 관련법들과 정책들에 영향을 받는다. 조합에 유리한 정책들은 다시 절차를 되밟는 것을 감수하면서도 변경하고, 시간 지체에 따른 사업비가 더 클 경우는 기존의 계획대로 사업을 진행시킨다.

한강과 접해 있는 이 구역은 설계를 진행할 무렵 마침 서울시에서 한강르네상스 정책을 발표했다. 기부채납 비율이 높아지는 대신 종 상향이 가능했다. 조합 측은 사업성을 분석했고 설계를 변경하여 한강변으로 공원을 조성해 주는 대신 종 상향을 받았다. 구역 내 공원 면적을 약 1,800평으로 증가시키고 시공한 후 서울시에 기부채납 하는 방식이었다.

공원은 구역 면적의 약 25퍼센트에 해당하는데, 배후 지역 주민들이 한강공원을 이용할 때 쾌적하게 이 공원을 통과해서 진입할 수 있게 하자는 계획이었다. 그 대신 2종 일반주거지역이 3종 일반주거지역으

| 한강으로 가는 길을 계획한 기부채납 소공원.

로 종 상향이 되었는데, 뉴타운, 즉 재정비촉진지구가 아닌 일반재개발 구역에서는 거의 드문 경우였다. 결과적으로 평균 31층, 최고 35층의 높이 상향과 용적률 상향이 가능해졌다. 기존 계획안이 581세대였는 데 773세대로 변경되면서 일반분양분이 증가했다. 사업의 절차를 다시 밟는 데 소요된 기간에 따른 손실을 보상하고도 남는 것이다. 종 상향은 또 다른 사업성 증가의 가능성을 열어 주었다.

"2종 일반주거지역일 때는 용적률 제한이 있어 추가 편입을 시키 더라도 큰 의미가 없는 대지가 있었습니다. 구역 경계에 붙어 있던 실 외 골프연습장이었어요. 구역 모양의 정형화에 필요한 것도 아니고 편입시켜도 세대 수 증가가 가능한 것도 아니었습니다. 하지만 종 상

| 구역 내 계획된 구립 어린이집.

향 이후 검토 결과 60세대를 증가시킬 수 있는 것으로 판단되었습니다. 먼저 대지 주인에게서 연락이 왔고 협상을 통해 구역에 편입시켰습니다."

편입한 대지에는 건축 연면적 1,750제곱미터 규모의 구립 어린이집을 계획하여 공공에 기부채납하고 용적률 혜택을 받게 되었다. 아파트 주민 입장에서도 필요한 공공시설이 들어오게 되어 구청이나 주민들 모두 만족하고 있다.

서울시와의 또 다른 협의는 부분임대아파트를 계획에 반영하는 것이었다. 구역 안에는 별동으로 임대아파트가 2동 계획되어 있는데, 이와는 별도로 부분임대아파트를 계획했다. 학생들의 주거 문제를 도와

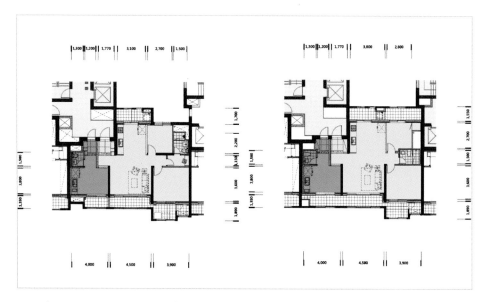

| 부분임대아파트 평면도의 변경 전(좌)과 변경 후(우) 모습.

주는 서울시 정책에 협력하는 측면에서 인근의 서강대학교 등 대학생 수요를 반영하여 부분임대아파트를 계획했다.

조합 입장에서는 부분임대가 있는 세대의 분양 가능성에 대한 리스크가 있다. 총 62세대에 부분임대가 계획되었는데 조합원 30세대, 분양분이 32세대다.

"조합원들 입장에서는 부분임대가 있는 세대가 분양이 안 될지도 모른다는 걱정을 했죠. 대학생들이 과연 임대비를 지불할 수 있을지도 의문이었고요. 하지만 서울시 정책이었기 때문에 받아들였습니다."

다행히 이주과정 중에 부분임대와 관련된 정책이 바뀌었는데 조합원들에게 유리한 것이었다.

"2013년 5월 1일로 건축심의 기준이 변경되어 부분임대가 있는 세대는 발코니 면적에 대한 규제가 완화되어 발코니를 추가로 만들 수 있게 되었어요. 즉, 모든 방에 발코니를 설치할 수 있게 되었죠. 저희는 설계변경을 해서 이를 반영했습니다. 경미한 변경에 해당되어 사업기간에는 큰 변화가 없었습니다."

이 구역 사례만 보더라도 사업기간 동안 얼마나 많은 정책들이 변하는지를 알 수 있다. 현명한 조합 집행부는 조합원들과 공공의 이익에 부합하도록 정책 변화를 잘 이해하고 수용한 다음, 이를 적절히 활용하여 사업을 진행시키는 노력이 필요함을 보여 준다.

서울시도 협상 대상이다?!

:: 성북구 정릉·길음제9주택재개발구역 ::

　　정릉·길음제9주택재개발구역은 재개발 사업을 하면서 서울시와 협
상해 서로 바람직한 결과를 얻은 구역이다. 서울시가 원하는 정책들이 있
었고, 조합원들이 원하는 것들이 있었는데 이것들이 잘 맞았다고 한다.

　　정릉·길음제9구역은 뉴타운시범사업구역으로 지정되면서 층수
제한이 없어졌다. 그 대신 인수로 변 대지 경계선 후퇴와 연도형 상가
조성이라는 서울시의 정책을 수용했다. 길음뉴타운에서 인수로 정비
와 연도형 상가 형성은 중요한 계획 요소였다.

　　인수로 변으로 상가를 조성해서 가로를 활성화시키고 가로공원도
조성하는 계획이었다. 인수로에 접한 구역 중 사업이 미시행된 정비
구역은 이 계획을 실현시키기 위해 땅을 내놓았다. 이 구역도 같이 땅
을 내놓고 연도형 상가를 조성했다. 가로공원은 20미터의 도시계획도
로와 각 사업구역에서 내놓은 10미터 건축한계선 후퇴로 조성되었다.
20미터 도로에서 2차선의 차도 폭 8미터를 제외한 12미터와 건축한계

| 정릉·길음제9주택재개발구역의 연도형 상가.

선 후퇴로 확보한 10미터를 더하여 가로공원을 조성한 것이다. 이 과정에 대해 이 조합의 협력업체 관계자는 다음과 같이 말했다.

"서울시와의 소통이 잘되어 서로 협의하면서 도시를 재생할 수 있었다고 생각합니다."

하지만 이 구역에는 현재까지도 비어 있는 땅이 있다. 보건소 부지로, 다른 구역에서도 향후 참고할 만한 사례라 소개한다.

뉴타운사업이 진행되자 성북구에서는 보건소 부지를 확보하고자 했고 이 구역 안에 지정했다. 사실 보건소 부지가 아파트와 연도형 상가를 분리해 버려서 주민들의 입장에서는 상당히 불편해지는 결과가 되었지만 뉴타운사업의 일환으로 진행되는 과정이기에 받아들였다.

구청은 재개발·재건축 사업지에 보건소나 파출소, 우체국 등 각종 공공청사의 부지를 일단 지정하지만 막상 공공용지로 확정된 후에 계약을 진행하지 않는 문제가 발생한다. 이후 구청은 다른 이유로 성북구보건소를 다른 곳에 설치하게 되었다. 조합은 준공 후 입주할 때까지 보건소 부지에 대한 계약을 하지 못했고, 대지 값을 받지 못한 조합 측에서 가만히 있을 수만 없어 모 대학에 이 부지 활용방안에 대한 용역까지 발주하게 되었다. 결국 도서관이 가장 적합한 것으로 결론이 났지만 구청은 지불능력이 없어 서울시에서 땅을 매입해 주었다.

"건물을 신축할 예산이 확보되지 못해 지금도 빈 땅으로 있는 것을 지켜보면서 공공이 주민들과 함께 사업을 진행할 때 보다 더 신중하게 접근할 필요가 있다는 것을 느낍니다."

조합 관계자는 공공기관에 대한 아쉬움을 이렇게 말했다.

공공건물 짓기

마포구는 재개발이나 재건축 사업을 할 때 공공시설을 구역 내에 많이 설치했는데, 담당자들이 법 조항을 잘 찾아내 구청도 좋고 조합도 좋은 결과를 얻은 것이다.

구청은 공공시설을 많이 확보할 수 있어 좋았고 조합은 사업성을 높일 수 있어서 좋았다. 예전에는 대부분의 구청 담당자가 조합이 공공시설을 시공해 줄 경우의 혜택에 대해 잘 몰라 놓치는 경우가 많았다.

마포구는 2011년 「국토의계획및이용에관한법률 시행령」에 의해 용강2, 용강3, 현석2구역에 최초로 이 혜택을 적용했다.

2008년 「도시재정비촉진을 위한 특별법」에 건축물의 일부를 대지지분과 함께 기반시설로 제공하는 경우 용적률 인센티브를 받을 수 있는 법 조항이 생겼다. 뉴타운이 아닌 일반 재개발구역에서는 적용될 수 없는 법이었지만, 이후 2011년 「국토의계획및이용에관한법률 시행령」 46조 지구단위계획구역에 이와 같은 내용[14]이 생겼다.

제1종 지구단위계획구역에서 건축을 할 경우, 공공시설이나 기반시설을 무상으로 설치·제공하는 경우에는 부지만을 제공하는 경우와 달리 인센티브를 부여하지 않아 부지 제공자와의 형평성이 결여되고 공공시설 확보에 어려움이 있었다. 이 때문에 제1종 지구단위계획구역에서 공공시설이나 기반시설을 설치하여 제공하는 경우에도 건폐율·용적률 및 높이제한을 완화하여 적용할 수 있도록 개정된 것인데, 공공시설 등을 설치하여 그 부지와 함께 제공하는 경우에는 각각 완화할 수 있는 건폐율·용적률 및 높이를 합산한 비율까지 완화하여 적용할 수 있도록 했다. 재개발구역은 제1종 지구단위계획구역으로 의제되기 때문에 이 조항의 혜택을 받을 수 있었다. 하지만 「도시및주거환경정비에 관한 법」에는 이러한 내용이 없었기 때문에 대부분의 구청 담당자나 조합이 이러한 내용이 재개발구역에 적용되는지 몰라 놓치는 경우가 많았다.

구청과 조합이 둘 다 좋은 결과를 얻을 수 있는 일임에 분명했지만, 막상 현실에서는 처음으로 이 법의 적용을 시도한다는 게 생각보다 어려웠다. 담당 주무관은 애로점을 다음과 같이 말했다.

"재개발은 워낙 이권이 첨예한 측면이 있어 법 적용을 빨리 해도 욕을 먹을 가능성이 있어요. 즉, 남들이 모두 할 때 하는 게 안전하다는 뜻이죠. 용강2구역은 공공시설을 지어 주고 약 3퍼센트의 용적률 상향을 받았는데 아파트 4세대 정도가 증가했습니다. 공공에서 이런 법 조

---

14) 공공시설 등의 부지를 제공하거나 공공시설 등을 설치하여 제공하는 경우 건축비를 토지 기부채납으로 간주하여 용적률 인센티브를 주는 내용이다.

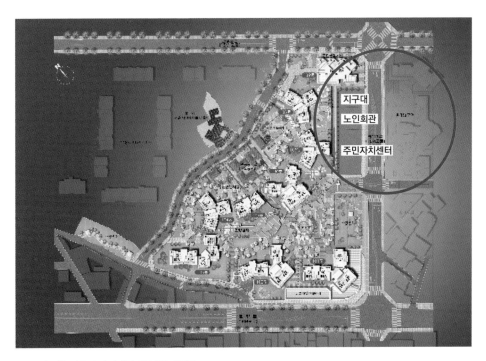

| 많은 진통 끝에 결정된 공공건물 위치도.

항을 알려 주어 조합에 혜택을 주면 담당이 조합에서 무슨 대가를 받는 것처럼 여기는 게 현실이기 때문에 어려움이 있습니다."

용강2구역에는 마포구 노인회관, 용강지구대, 용강 주민자치센터가 계획되었고, 용강3구역에는 어린이집, 현석2구역에는 구립 어린이집이 계획되었다. 공공건축물을 구역 내에 배치할 때 위치는 사업성에 중요한 영향을 주는 요소다. 용강2구역 안에는 기존부터 마포구 노인회관, 용강지구대, 용강 주민자치센터가 있었는데 세 개의 공공건축물의 위치 때문에 협의 과정이 힘들었다.

"구의원 의견 청취나 도시계획위원회 심의 때마다 요구하는 위치가 바뀌었는데 주민센터의 위치 때문에 2~3년 정도의 시간이 흘렀습니다. 조합은 구역의 코너에 근린생활시설을 배치하기를 원했는데, 이곳에 공공시설을 설치하기를 원하는 분들이 있었습니다."라고 용강제2주택재개발구역 조합장은 설명했다.

2008년 서울시 건축심의에서 조합의 안으로 위치가 최종적으로 결정되었다. 처음에는 세 개의 건물로 계획되다가 노인회 측에서 유지 관리 측면에서 복합건물을 요구했고, 최종적으로 현재 위치에 복합건물로 건설되고 있다.

"협의가 잘 안 될 때는 구청 공무원에게 공무원이 알박기[15] 하냐고 으름장을 놓기도 했습니다. 하지만 구청 담당 공무원이 협상을 잘해서 자기에게 무슨 이익이 돌아가는 것도 아닐 테고 공공을 위해 그러는 것이니 이해하고 다시 협상을 했죠."

용강제2주택재개발구역 조합장은 당시를 생각하고 웃으며 말했다.

---

15) 알박기란 주거정비사업에서 주로 사용되는 속어로, 비합리적으로 권리를 주장하는 행위를 뜻한다.

지역의 숙원을 이루다

:: 성북구 길음제8주택재개발구역 ::

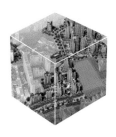

현장에 도착하자 길음뉴타운 내에 계성여고 이전이 확정되었음을 축하하는 플래카드가 여기저기 걸려 있었다. 명문학교를 유치하고자 했던 지역주민들의 바람을 읽을 수 있었다. 길음동 일대는 재개발구역 들이 많았지만 학교 부지를 확보하는 게 쉽지 않았다고 한다. 개별적으로 진행되던 재개발 사업구역들은 한 구역에서 학교 부지를 내놓으면 사업성이 없어 사업이 불가능했기 때문이다. 지금은 주로 주변 구역들과 공동으로 부담하지만 당시는 그런 계획이 없을 때였다.

다른 구역들이 학교 문제를 피해 사업을 진행시켜 버리자 6구역이나 7구역에 비해 구역 면적이 넓은 8구역이 학교 용지에 대한 책임을 맡게 되었다. 조합장과 총무이사는 당시의 상황을 자세히 말해 주었다.

"8구역은 길음동 일대가 뉴타운지구로 지정되면서 구역 면적이 더 넓어지게 되었습니다. 서울시에서는 기존 재개발의 문제점이었던 학

| 학교 유치를 축하하는 플래카드.

교 문제를 해결하고자 했기 때문에 길음동 일대에 고등학교를 계획했습니다. 공공기관에서는 8구역 조합에 학교 부지를 제공할 것을 요구했습니다. 하지만 4,500평에 해당하는 학교 부지를 서울시에 팔고 나면 사업성이 없었습니다. 주민들의 입장에서는 당연히 학교가 있는 게 좋으나 아파트를 그만큼 짓지 못하기 때문이죠. 또 세입자를 위한 임대주택을 짓고 나면 일반분양분이 거의 나오지 않았습니다. 저희 사업지는 낙후된 지역이었기 때문에 세입자가 무척 많았습니다. 임대주택을 약 450세대를 지어야 했는데 대지 면적을 계산해 보니 약 4,500평에 해당했습니다. 학교 부지와 규모가 우연히 일치했습니다. 서울시에서 진행한 용역에 따르면 일반분양분이 250가구가 나온다고 했습니

| 도로변에 계획된 학교 용지.

다. 조합에서 한 계산에 따르면 일반분양분이 안 나오니 도저히 사업
을 못하겠다고 했어요. 조합에서 동의서를 받아 줄 테니 SH공사에서
사업을 하라고 서울시에 제안했습니다. 그러자 서울시에서 다시 검토
를 했고, 우리 구역이 학교 용지를 부담하는 대신 임대주택 수를 줄여
주기로 결정했습니다."

학교 위치에 대한 협의도 공공과 조합이 협의를 통해서 결정했다.

"원래 계획된 학교 위치는 약간 경사진 위치에 있었습니다. 하지만
구역에서 가장 평지고 도로변에 붙어 있는 노른자위 땅을 학교 부지
로 결정했습니다. 왜냐하면 학교와 공공시설을 복합화하여 계획하기
로 했는데 우리 구역은 학교에 수영장을 짓기로 했습니다. 이 때문에

주민들이 접근하기 쉬운 도로변으로 학교 위치를 조정한 것입니다."

2011년에 입주하고, 조합은 현재 청산을 앞두고 있다. 청산 사무실에는 짐을 싸 놓은 박스들이 쌓여 있었고 마지막 정리를 하고 있었다.

"3일 전에 서울시와 계성여고와의 계약이 성공했습니다. 저희는 서울시에 용지를 진작에 팔았지만 어쨌든 학교가 이전하기로 결정된 것을 보게 되어 좋습니다. 시공사와 남은 부분을 정리하고 이에 따라 2차 이익금 배분을 조합원들에게 한 후 청산을 할 예정입니다. 지금 보면 호랑이 담배 피우던 시절에 사업을 한 것 같습니다."라며 미소 지었다.

학교 문제로 청산을 못하다

:: 은평구 불광제6주택재개발구역 ::

    2004년 발표된 서울시 2010년 도시및주거환경정비기본계획에서 불광4, 5, 6, 8 네 개 구역은 학교 확보 필요권역으로 지정되었다. 2010년 도시및주거환경정비기본계획에서는 그동안 재개발이나 재건축 구역들 중 학교시설 검토구역으로 지정되어 있음에도 학교 건립이 거의 이루어지지 않는 문제점을 해결하고자 일정 규모 이상의 근린생활권을 바탕으로 학교 확보 필요권역을 선정했다. 주거환경 개선은 교육환경 개선을 포함하는 것이고, 우리 교육 환경이 OECD 국가 수준의 교육여건에 못 미치는 것이 현실이지만 학교를 확보하는 것은 쉽지 않은 일이다. 하나의 재개발·재건축 사업구역에서 학교를 지을 수 있는 여력은 없었는데, 대부분 구역 면적이 협소하여 학교를 지을 여건이 되지 않았기 때문이다.

    따라서 기본계획에서는 계획세대 수가 2,000~3,000세대 이상인 근린생활권 중 권역 면적이 10만 제곱미터 이상인 곳을 중심으로 통학

권 및 주변 학교의 과밀여부를 고려하여 학교 확보 필요권역을 선정하도록 했다.

이에 따라 은평구는 6개 권역이 학교 확보 필요권역으로 계획되었다. 불광4, 5, 6, 8구역은 그중 하나의 권역이었다. 2005년 은평구청은 서부교육지원청과 4개 구역 조합과 학교 용지 확보 문제에 대한 협의를 시작했다. 학교 확보 필요권역에서 학교 입지는 구역 면적이 넓은 구역에 설치하는 것을 원칙으로 했으므로 불광5구역 내에 약 2,000평의 학교 용지를 확보하기로 했다. 구청은 나머지 세 구역에게 불광5구역이 학교 용지를 확보해서 생기는 손실 부담의 문제에 대해 상호 합의해 올 것을 요청했다. 2006년 4월 3개 구역 추진위원장들과 1개 구역 조합장은 5구역이 학교 부지를 제공하고 나머지 구역은 대신 분담금을 현금으로 5구역에 제공하기로 하는 합의서를 작성했다.

학교 용지 2,000평 중 용적률 인센티브를 받은 3분의 1에 해당하는 면적을 제외한 3분의 2의 면적에 대한 개발이익을 각 구역 면적 비율에 따라 계산했다. 4구역은 12억 원을 제공하기로 하고, 6구역은 20억 원을 제공하기로 했다. 사업이 빨리 진행되었던 6구역은 2011년 20억 원을 5구역에 제공했다.

이후 2012년 서부교육청은 인구 감소에 따라 학생 수요가 없어 5구역 내 학교를 안 짓기로 결정하고 학교 용지 해제 공문을 구청 및 조합에 발송했다. 이에 따라 4구역은 준공 전 해제 공문을 받았기 때문에 (2013년 9월 준공) 12억 원을 제공하지 않아도 되었다. 현재 불광8구역은 추진위원회 취소요청에 따라 취소 처리했으며, 정비구역 해제 절차를 밟고 있다. 불광5구역에서는 정비구역 변경을 통해 학교 용지를 해제할 계획이다. 5구역 입장에서는 학교 용지를 포함해서 새로 정비계획안을 만들어야 하나 이는 비용과 시간이 드는 일이다. 6구역 입장에서는 이미 지불한 20억 원을 돌려받아야 하나 쉽게 받을 수도 없는 상황이다. 6구역의 청산 대표는 5구역 조합이 자신들로부터 받은 20억 원 중 많은 부분을 사업 추진비로 써 버렸고, 지금은 돌려줄 돈도 없는 실정이라고 걱정했다. 불광5구역은 사업이 잘 진행되지 않았고 현재는 조합인가 취소에 대한 재판이 대법원에 계류 중이기 때문이다.

따라서 6구역은 입주가 3년 전 끝났음에도 청산을 하지 못하고 있다. 결국 6구역은 돈을 돌려받기 위해 5구역을 상대로 소송을 했다. 하지만 5구역이 정비계획변경을 수립하지 않았기 때문에 패소했다. 은평구청이 사업구역 내 학교 용지를 해제하는 변경을 하지 않고 있다는 점을 재판부는 중요시했다. 학교를 짓지 않는 게 확정되기 전까지는 돈을 돌려받을 수 없다는 것이다. 6구역은 교육청이나 구청에 아쉬움이 많다.

"교육청에서는 학생 수요 예측을 완벽하게 잘할 수 없고 학교를 지을 돈도 없다고 해요. 현재 예측의 불확실성에 관한 모든 책임은 조합들이 떠안아야 합니다. 또한 서부교육청에서는 재개발 사업의 각 단계마다 교육청과 협상할 것을 요구하지만 재개발 사업 특성상 이미 사업 시행인가 때는 사업계획이 확정된 상태고 자금계획이 수립되는데, 관리처분계획인가 때 초기 단계의 문제를 다시 협의한다는 건 재개발 사업의 특성상 매우 힘든 상황을 만드는 것입니다."

은평구 불광제6주택재개발구역 조합장의 말이다.

구청 담당 공무원도 아쉬움을 표현했다.

"정비구역 지정 당시 학교 용지는 지정되어야 합니다. 매 단계마다

| 불광 지역의 여러 재개발구역들의 위치.

사업 진행과정을 통보하는데 가만히 있다가 계획을 바꾸면 사업절차를 다시 진행해야 해요. 정비계획 변경을 하려고 하면 보통 2년 정도 걸립니다. 교육청에서 계약 전에는 학교 용지 대금을 지불할 의무가 없다고 말하면 평균 10년 정도 걸리는 정비사업을 진행할 수 없게 되는 겁니다. 학교 문제가 조합과 구청 사이를 곤란하게 만들었습니다."

그는 만약 학교 용지가 확정된 후에 변화가 생기면 교육청에서 그 리스크를 안고 다른 공공기관과 협의해 다른 용도로 변경한다든지 해야 한다고 주장했다. 만약 다른 구역에서 지불한 돈을 5구역에 바로 주지 않고 공탁이라든지 혹은 공공기관이 보관하고 있었다면 문제가 덜 복잡했을지도 모른다. 공공이 민간과 함께 사업할 때는 서로 리스크를 줄일 수 있는 장치들이 필요해 보인다.

영원히 끝날 것 같지
않았던 학교 협의

:: 양천구 신정1재정비촉진1-1주택재개발구역 ::

"교육청과의 협의보다 소송이 더 빨랐습니다."

양천구 신정1재정비촉진1-1주택재개발구역 조합장은 학교 문제로 교육청과 2년 동안의 협의로도 문제를 해결하지 못하자 결국 법원에 소송을 제기했고, 법원의 조정으로 문제를 해결한 후 느낀 점을 이렇게 말했다.

이 구역 내에는 대지가 높게 솟아 있는 곳에 초등학교가 한 개 있었는데 초기에는 구역에서 제척[16]되었다. 하지만 당시는 계획세대 수가 조합원 수보다 약 100세대가 모자라는 상황이었기 때문에 대지를 확보하기 위해 초등학교를 구역 내로 편입시켰다. 대지를 평평하게 조성하면 경사지가 없어지면서 약 1,000평의 가용대지가 생겼고 1,000평

---

16) 계획을 수립할 때 양호한 지역이나 계획의 목적에 불필요한 곳은 제외하거나, 계획이 수립되어 발표한 후 소유자들이 제외되기를 요구할 때 부분적으로 제외하고 사업을 진행하게 되는데 이렇게 빠지는 토지를 말한다.

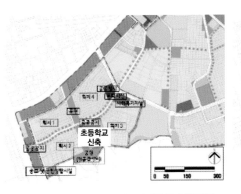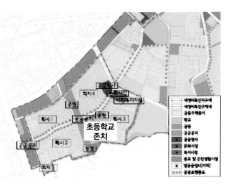

| 초등학교 신축에서 존치로 변경된 토지이용계획.

의 땅에 약 100세대가 건설될 수 있었기 때문이다. 약 30년 된 학교를 300억 원을 들여서 새로 지어 주는 조건이었다. 하지만 사업성이 좋던 시절의 협상은 시간이 지나면서 점차 지키기 힘든 상황이 되었다. 초기에 계획된 고등학교 부지는 교육청에서도 예산이 없고, 학생 수를 고려할 때 지을 필요가 없어 택지로 변경되었다. 하지만 100세대를 더 짓기 위해서 초등학교를 새로 지어 주기로 했던 협약은 변경되지 않았다. 사업성이 하락하면서 조합 측에서 지킬 수 없는 상황이 된 것이다. 결국 조합은 교육청과의 협약서를 무시하고 초등학교 부지와 학교는 존치하는 것으로 방향을 결정했다.

　당시 기반시설의 매입에 대한 기준이 변경되면서 현재 사용하고 있는 기반시설 중 도로 등을 택지가격으로 사야 했는데, 기반시설 매입에 560억 원 정도가 들면서 사업성이 하락하기 시작했다. 특히 이 구역은 토지구획정리사업으로 조성된 지역으로 도로율이 높아 사업성에 큰 영향을 받았다. 게다가 부동산 경기 침체로 조합원 분양신청을 받자 조합원 절반에 해당하는 1,100명이 20평형대를 신청했다. 조합은 전반적으로 사업성을 높이기 위한 모든 방법들을 동원하기 시작했고,

그 중 하나가 초등학교를 다시 제척하여 신축비용 300억 원을 확보하려는 시도였다.

변경된 계획안을 서울시 심의에 올렸지만 서울시는 재정비촉진지구계획변경을 해서 초등학교를 빼고 다시 올리라는 보완 요청을 양천구청에 내려보냈다. 이때부터 강서교육청과 조합 사이의 학교를 둘러싼 협의가 지루하게 전개되었다.

"교육청장이 바뀔 때마다 그 전의 협의가 수포로 돌아가는 일이 많았습니다. 담당들까지도 1년마다 교체되어 논의가 다시 원점으로 돌아가기를 반복했지요. 조합은 교사 신축을 기부채납으로 해준다는 협약서를 해제하고자 했지만 어느 누구도 자신의 임기 동안 300억 원을 포기하겠다고 나설 교육청장은 없었습니다. 최종적으로는 서울시 교육감의 결정내용이었는데 그때는 서울시 교육감이 구속되면서 업무대행체제라 더욱이 결정할 수 없었습니다. 구청장이나 국회의원들, 시의원들까지 나섰지만 해결이 되질 않았습니다."

결국 조합은 2012년 3월 법원에 서울시 교육감을 상대로 재판을 청구했다. 구청장은 재판 대신 합의로 해결할 것을 제안했고, 교육청에서도 대법원까지 갈 것이니 소송을 넣지 말라고 요구했다. 주변에서도 교육청이나 관청과 소송을 해서 이기는 경우는 없다고 말렸다.

하지만 법원은 기대했던 것보다 훨씬 빠른 속도로 조정 역할을 해주었다. 약 40일 동안 6번의 심의 및 조정이 있었는데 어떤 주는 일주일에 두 번씩 회의를 했다. 법원은 조합 측에 강당과 3개의 특수교실을 지어 줄 것을 요청했고 조합은 이를 받아들여 합의로 끝냈다. 2013년 1월 민사조정 확정판결로 학교 문제는 종결되었다.

"서너 달 만에 합의가 끝났습니다. 법원은 교육청이 약 2년 동안 학교를 수리 못한 손해 등이 발생했으니 조합 측에서 68억 원 정도 소요되는 강당을 신축하여 기부채납하라고 했습니다. 조합 측에서는 이를 받아들였습니다. 아파트 공사 때 건설장비 등을 공유하기 때문에 40억 원 정도로 지을 수 있다고 기대하고 있습니다. 또 학교시설을 지어 주면 학교 용지부담금도 면제되기 때문에 추가로 절감된다고 봅니다."

조합은 영원히 끝날 것 같지 않았던 교육청과의 협의가 끝난 사실과 재판 결과에 만족하고 있었다. 현재 소형평수로 변경하는 절차를 진행하고 있었는데 변경이 결정되면 필요한 세대 수가 확보되기 때문에 학교 부지가 필요 없게 되고, 사업비를 줄일 수 있다고 판단하고 있다. 앞으로 사업이 어떻게 진행될지는 모르지만 조합들이 사업을 할 때 학교 문제를 얼마나 신중하게 접근해야 하는지를 잘 보여 주는 사례다.

:: 시공사와의 현명한 관계 설정 ::

　재개발·재건축 조합에서 사업을 추진할 때 가장 중요한 협상 대상자는 시공사일 것이다. 첫째는 사업비에서 공사비가 차지하는 비중이 가장 크기 때문이다. 둘째는 조합과 시공사의 관계는 단순한 관계가 아니라 복합적인 관계가 형성되기 때문이다. 조합은 건축주이면서도 사업비를 시공사에서 대여받는 관계다. 이 장에서는 조합이 시공사와 협상하는 게 쉽지 않았던 현실과 아쉬운 점들에 대한 이야기를 담았다. 전문가 집단인 시공사를 상대로 비전문가인 조합이 협상을 하기에는 한계들이 있다고 많은 조합에서 말했다.

　지금은 공공관리제도로 시공사 선정을 지원하고 표준계약서도 보완되어 과거보다 조합원들의 이익을 지원하고 있지만, 앞으로 더 많은 사례들을 통해 조합원들이 필요로 하는 부분을 파악하고 지원하는 정책이 요구된다.

가계약이 곧 본계약입니다

:: 마포구 상수제1주택재개발구역 ::

"10년 동안 우리 구역 재개발 일을 맡고 있는 동안 가장 후회되는 일이 시공사와의 계약 부분입니다."

마포구 상수제1주택재개발구역 조합장은 시공사와의 협상이 사업 전체 기간 동안 가장 아쉬운 점이라고 말했다.

"가계약은 본계약처럼 해야 합니다. 시공사를 추진위원장 시절 선정했으니……."라며 말을 흐렸다. 사업 초기 단계에 시공사를 선정한 후 맺은 가계약이 이처럼 중요할지 몰랐다는 것이다.

"당시는 가계약의 '가' 자에 의미를 두고 본계약 때 잘해야지 하고 생각했는데, 막상 본계약을 해 보니 모든 것을 가계약에 근거해서 하기 때문에 실제 바꿀 수 있는 부분이 거의 없다는 걸 알게 되었습니다. 본계약은 약간의 경미한 수정만 가능합니다. 그러니까 가계약이 본계약이고, 본계약은 수정본 정도로만 생각해야 합니다."

본계약을 하는 시점도 조합에 결과적으로 유리하지 않았다.

"시공사는 절차 단계에서 어디에 조합의 약점이 있다는 것을 알고 시공사에 유리한 부분은 관리처분총회 날짜가 정해질 때까지 미적미적합니다. 관리처분계획총회 날짜가 정해지면 조합원들에게 보통 한 달 전에 알리고 책자를 배부합니다. 이 총회 책자에는 시공사와의 본계약에 대한 내용이 포함되어 있죠. 본계약을 해야 총회를 정해진 날짜에 할 수 있기 때문에 조합은 서두르는 반면 시공사는 본계약을 서두르지 않는 느낌이었어요. 당연히 협상이 잘 진행되지 않았죠.

본계약을 할 때부터 시공사라는 존재를 실감하기 시작했습니다. 시공사에서 수백 번의 경험이 집약된 계약서를 내미는데 우리가 이길 수 없지요. 계약서가 천 페이지가 되더라도 의심나는 것은 모두 기록해야 합니다. 못 한 개라도 모두 기록한다는 심정으로 계약서를 써야 합니다. 공사비 외의 항목들은 어느 시기에 유·무이자로 돈을 대여 받는지 잘 알아야 합니다. 사업과정에서 늦게, 그리고 적게 들어가는 돈은 무이자고 사업의 초창기에 들어가고 또 금액이 큰 것은 유이자고 그렇더군요. 언제 사업비를 어떤 방식으로 빌리는지, 지출하는지 잘 파악해야 합니다."

조합장에게 표준계약서에 대한 의견을 물어보았다.

"현 표준계약서는 상세하지 않은 것 같습니다. 조합 측에서는 A등급이란 무엇인지 B등급이란 무엇인지 구체적으로 알고 싶죠. 저도 내부마감에 대해서 CM_{Construction Manager}을 두려고 했었는데 조합원들은 이를 잘 이해 못하더군요. 시공사가 있고 감리가 있는데 왜 돈을 써가며 CM을 두냐는 것이죠. 40~50개가 되는 협력업체에게도 자문을 구했지만 핵심적인 것은 피하려 한다는 것을 알았습니다. 자기들 이익에 부합되는 이야기는 해도 시공사의 이익에 반하는 이야기는 하지 않더군요. 조합과는 한 번 일하고 끝이지만 시공사와는 여러 번 일하는 관계니까요."

조합장은 시공사와 협상할 때 계약상대가 담당과장이라는 것도 어려운 점이라고 했다.

"최하 몇 백억 원 계약인데 과장급 정도인 현장담당이 와서 계약을 합니다. 시공사의 각 분야 담당자가 거의 30대에서 40대입니다. 보통 다른 협상을 할 때도 사장이 동석하면 막말로 죽이네 살리네 하며 협상을 할 수 있는데 직원이 오면 그럴 수가 없습니다. 시공사의 현장 담당 직원들은 다른 사람들은 다 하는 일을 자신만 못 해내면 회사에서 자신이 어떤 입장이 되는지 이해해 달라고 해요. 또 자신 마음대로 결정할 수 있는 게 아니라고 말합니다. 보통 조합장들이 50~60대인데 젊은이들이 와서 저 옷 벗게 하시려고 합니까, 하면 마음이 약해져요."

상수1구역 조합장은 건축에 대한 자신의 부족함을 강조하면서, 조합장이 되려는 사람은 기본적으로 최소한의 지식과 상식, 지혜 등 다양한 능력을 갖추어야 한다고 덧붙였다.

공사 관련 위원회를 만들어
협상력을 높이다

:: 중랑구 면목제2주택재건축구역 ::

　면목제2주택재건축구역은 시공사와의 협상과정에서 위원회를 만들어 조합 측의 협상력을 높이려고 노력한 곳이다. 하지만 이 구역은 시공사와의 본계약 협상을 앞두고 조합장이 교체되었고 이사회와 대의원회의 갈등이 많은 상태였다. 2대 조합장은 본계약을 앞두고 이 문제부터 풀어 나가야 했다. 조합장은 당선되자마자 본계약협상위원회를 구성했다.

　"보궐선거를 통해 조합장으로 당선된 후 전부터 있어 왔던 이사회와 대의원회의 갈등을 풀어야 했습니다. 이사회가 안건을 부결하면 대의원회가 통과시켰고, 이사회가 통과시킨 안건에 대해서는 대의원회가 이사회에 대한 신뢰를 떨어뜨리기 위해 부정적인 의견을 제시했습니다. 본계약협상위원회의 목적은 이사회와 대의원회의 의견을 조율하여 결정을 하기 위해서였습니다. 본계약협상위원회는 대의원 3명, 이사 4명, 감사 1명, 조합장으로 구성했는데 같은 사안을 놓고 함께 회의를 하니 갈등이 해소되었습니다." 조합장의 설명이다.

조합장이나 이사회의 전횡을 방지하고 모든 중대 의사결정 과정에 대의원들이 참여해 함께 의논한 다음 결정할 수 있도록 한 것이다. 2012년에는 각종 공사 관련 위원회 외에도 이사회 21회, 대의원회 18회, 정기 및 임시총회를 3회 열었다. 매주 회의가 한두 번 정도 있었던 것이다.

"이사는 회의 참석비가 8만 원, 대의원은 회의 참석비가 5만 원인데 이사가 6명, 대의원이 16명입니다. 물론 주민들 중에는 회의비를 왜 그렇게 많이 쓰냐고 하는 분들도 있었습니다. 하지만 저는 회의비를 한 번에 100만 원을 쓰더라도 자주 회의를 한 것은 잘한 일이라고 생각합니다. 이런 과정들 덕분에 결국 전체적으로 사업비 절감이 가능했다고 생각합니다."

또한 시공사와의 협상 과정에 조합원들의 도움을 받았다.

"본계약협상위원회 외에도 특화공사협의위원회를 만들었습니다. 본계약협상위원회가 조합 내부의 합의를 이끌어 내는 것이 목적이었다면 특화공사협의위원회는 시공사와의 협상력을 높이기 위한 목적이었습니다. 이사들이나 대의원들 중 현장 소장 출신이나 건축 관련 회사를 운영하는 분들이 위원회에서 활동을 해 줘서 많은 자문을 받을 수 있었습니다."

본계약 당시 설계도면에 대해서도 조합장이 내용을 파악하고 시공사와의 협상에 임하려고 노력했다. 설계 변경을 한 후 공사비 증액 요청이 시공사로부터 있었는데 세부내역을 주지 않아 자료 요구를 많이 했다. 물론 법무사나 정비업체의 도움을 받아 진행했지만 같은 조건의 다른 조합 데이터를 많이 수집하여 비교했는데, 본계약을 하는 데 4개월 정도 걸렸다.

하지만 조합 입장에서 판단의 한계에 대한 아쉬움도 이야기했다.

"조합원 무이자 이주비 대여금이 한 예입니다. 한 업체는 가구당 평균 1억 5,000만 원을 제시했고 다른 업체는 1억 8,000만 원 정도를 제시했죠. 조합원들은 3,000만 원 더 많은 업체가 좋다는 의견들이었습니다. 하지만 나중에 따져 보니 여러 조건들 때문에 평균 1억 5,000만 원 정도만 대여가 가능하더군요."

그 조건이 시공사 선정에 영향이 있었는지를 묻자 그렇다고 대답했다.

"입찰 시 이주비 외의 다른 제공 조건이 달랐지만 무이자 이주비 대여금 제시액이 시공사 결정에 큰 역할을 한 건 사실입니다. 높은 금액을 제시한 시공사가 주민들의 자산가치를 미리 따져 본 후 선심 쓰듯이 제시했는지 아닌지는 모르겠습니다. 하지만 이 경우만을 보더라도 조합의 판단에는 한계가 있는 것 같습니다."

예상치 못한 공사로 예비비 부족 겪을 수도

또 다른 아쉬움으로 공사 범위에 대한 문제를 제기했다.

"예비비를 처음에 70억 원 정도 요청했는데 시공사와의 협상 과정에서 27억 원 정도로 줄어들었습니다. 지금 보니 예비비가 부족하다는 것을 알게 되었습니다. 예상하지 못했던 공사가 많이 생겼기 때문이죠. 공사 범위가 대지 내로 되어 있었는데 대지 경계에 옹벽이 있었습니다. 사업시행인가 때 인도에 인접해 있는 옹벽을 철거하고 조경으로 완만하게 경사를 조정하라는 조건이 있었습니다. 하지만 계약 때 이를 놓쳤습니다. 전체 공사비가 적은 구역에서 감당하기에는 공사비가 크고, 게다가 철도청 환기구까지 이설해야 해서 현재 협의에 예상치 못한 기간이 소요되고 있습니다.”

　　이야기를 하는 조합장은 다소 무거운 마음인 듯 보였다. 전문정비 관리업체나 공공의 도움이 절실한 이유다.

최고급 자재란?

:: 서대문구 가재울뉴타운제2재정비촉진구역 ::

"재개발 사업은 작은 정치입니다. 저희 구역은 조합 집행부가 협력업체나 시공사 계약을 할 때 빠졌습니다. 대의원이 모두 결정했습니다. 시공사 선정과정은 이후의 모든 과정에서 조합이 주도적으로 사업을 이끌어 가는 전제가 됩니다.

조합장이 시공사로부터 '1'이라는 돈을 받았다면 '10'이라는 돈을 조합원들이 손해를 보아야 합니다. '1'이 아니라 '10'이라는 겁니다. 돈을 받는 순간부터 실권을 시공사가 가지게 되고 조합이라는 사업의 주인이 객이 되고, 시공사라는 객이 사업의 주인이 됩니다. 이렇게 되면 이후 사업은 시공사가 주도하게 되는 것이죠. 결국 적극적으로 협의도 못하고 이자비용만 엄청나게 들어가기 시작합니다."

서대문구 가재울뉴타운제2재정비촉진구역의 사업을 이끌었던 총무이사는 시공사 선정과정에 대해 이렇게 답했다.

이 구역은 사업이 상대적으로 빨리 진행되었고 사업성도 높았던 것

| 가재울뉴타운제2재정비촉진구역은 여러 이유로 사업 진행이 빨랐다.

같아 이에 대해 물었다.

"관리처분계획 당시 약 97퍼센트의 비례율이 나왔는데 분양가를 보수적으로 잡았습니다. 비례율이 높아 기대를 많이 했다가 이후에 박탈감을 느끼는 건 좋지 않다고 생각했습니다. 이후에 남는 돈을 조합원들에게 배분했습니다."

시공사와의 협상과정에 대해서는 공공에 도움을 받고 싶은 측면이 많다고 강조했다.

"요즘은 어떤지 모르겠지만 시공사 선정은 구청에서 장소를 빌려주고 감독관이 나와서 했으면 좋겠습니다. 우리 구역은 시공사가 미분양을 책임지는 계약을 했습니다. 대신 일반분양분에 대한 초과이윤도

| 많은 조합에서 표준계약서에 마감재 수준에 대한 기준이 첨가되길 원했다.

가져갈 수 있도록 했습니다. 즉 33평을 5억 원에 분양하겠다고 약속했는데 조금 더 좋게 마감하고 분양가를 더 올려 받았을 때 초과이윤을 시공사가 가질 수 있도록 했죠."

시공사와의 협상에서 가장 어려웠던 점은 공사 수준에 대한 판단을 할 수 없었다는 점이다. 표준계약서에 마감에 대한 내용이 있었으면 좋겠다고 의견을 제시했다.

"시공사에서는 최고급 자재 기준이라고 하지만 최고급 자재라고 하면 어떤 것을 말하는지 저희로서는 알 수 없었습니다. 2008년 해당 시공사 모델하우스 기준이라고 해서 서울시에 있는 모델하우스를 다 다녀 보았습니다. 우리 구역에 해당하는 자재를 미리 눈으로 보고 계약

할 수 있었으면 좋았을 거라는 생각이 듭니다."

다른 여러 조합 임원으로부터도 이 부분에 대한 아쉬움을 들었다. 시공사의 부담이 크게 증가하지 않으면서도 조합원들이 원하는 걸 해결할 수 있는 방법들을 찾는 게 공공의 역할이라는 생각을 하면서 이야기를 마무리했다.

시공사는 갑이고,
조합은 을?

:: 마포구 용강제2주택재개발구역 ::

"공사비에서만 남기지 왜 사업비에서도 남기려고 합니까?"

마포구 용강제2주택재개발구역 조합장은 시공사에 대한 불만을 이렇게 표현했다. 시공사 입장에서는 시공사가 자본을 동원할 능력이 있고 조합은 없다면 자본을 형성해 준 대가를 바라는 게 당연하다고 할 수 있지만, 조합 입장에서는 부당할 정도로 큰 대가를 바란다는 것이다.

용강제2구역 역시 대부분의 다른 곳들과 마찬가지로 사업비 대출을 시공사에서 보증을 해주었다. 조합 입장에서는 사업비 대출금을 빨리 갚아야 이자가 적게 나가기 때문에 분양 수입이 생겨 여력이 되면 이를 가능한 한 갚고 싶어 한다. 하지만 시공사는 공사 진행 정도에 관계없이 공사비부터 우선 지급받을 수 있도록 계약을 요구했다.

"청산자가 많아 청산금이 약 150억 원인데 시공사에 150억 원에 대한 무이자를 요구했죠. 타협이 안 돼 높은 이자를 내고 있어요."

조합장은 시공사와의 계약을 위배해 가며 시공사가 요구하는 공사비를 주지 않고 있었다. 공사비 지급률과 공정률과의 관계가 합리적이지 않다는 것이 이유였다. 예를 들어 공정률이 25퍼센트인데 시공사가 미리 지급된 공사비 40퍼센트 외에 추가로 10퍼센트를 요구해 아직 공사비 지급을 하지 않고 있다는 것이다.

"계약 위반이기 때문에 공사비 미지급에 대한 이자가 붙을 거라고 얘기하는데, 시공사 쪽도 위배한 게 있어요. 계약서상에 하청업자를 조합에 통보해 주기로 되어 있는데 안 해주었으니 그 쪽도 계약서 위배입니다."

조합장은 어떻게 해서든 사업비를 절감해 보려고 하는 것 같았다. 추후 다시 연락했을 때는 공사비를 지급했다고 전했다.

시공사 계약 때 공공의 역할 절실히 요구된다

용강제2구역은 다른 구역과 마찬가지로 시공사가 사업비 관리를 조합과 공동으로 하고 있었다. 사업비를 관리하는 통장은 하나인데 건설회사 대표이사와 조합장의 공동 소유다. 즉, 하나의 통장에 주인이 두 명인 것이다. 돈을 인출할 때는 두 명의 도장이 있어야 인출이 가능하다. 조합이 사업비를 청구하면 조합과 시공사가 작성한 계약서에 의해 유이자와 무이자로 구분된 항목에 따라 지급된다.

"사실 시공사 직원 개인의 문제가 아니라 조직이 그렇다는 것은 알고 있어요. 저도 시공사 직원과 사이가 좋습니다. 하지만 사업비 대여에서는 시공사가 갑이고 조합은 을이죠."

조합은 공사를 맡기는 갑의 입장이면서도 사무실 운영비나 이주비 등을 지원받는 을의 입장이 되기도 한다. 조합장은 시공사와의 계약과 관련된 도움이 공공으로부터 절실히 필요하다고 강조했다.

적군이자 아군이고,
협력자이자 경쟁자죠

:: 마포구 현석제2주택재개발구역 ::

"적군이자 아군이고, 협력자이자 경쟁자죠."

마포구 현석제2주택재개발구역 조합장은 시공회사와 조합과의 관계를 이렇게 표현했다. 이 구역은 조합설립 이후 시공사가 결정되었고 사업비 지원도 시공사로부터 받았다.

시공사를 결정할 때 4개 회사 간에 경쟁이 있었다. 조합 측의 평가 기준은 자금력, 실적, 양심 세 가지였다.

"회사가 튼튼하지 않으면 은행이 시공사에 돈을 빌려 주지 않고, 그럴 경우 시공사가 조합에 돈을 빌려 줄 수 없지요. 자금은 핏줄과 같은 것이라 자금이 돌지 않으면 사업은 불가능합니다."

현실적으로 시공사의 자금력은 사업 진행에 가장 중요한 요소임을 부인할 수 없다. 시공사의 경영상태가 좋지 않으면 은행이 대출을 해 주지 않고 이주도 못한다는 것이다. 하지만 공사에 대해서는 조합이 늘 적군이자 경쟁자의 입장에서 감독한다고 했다.

"시공사가 양심적으로 공사를 하도록 건축이나 전기 등 구청에서 지정하는 감리회사가 감리를 보지만, 조합도 최선을 다하고 있습니다. 평당 공사비 자체도 중요하지만 일단 공사비가 결정된 후에는 그 금액에 걸맞은 공사를 하느냐가 중요합니다."

현석2구역은 사업성이 좋은 위치에다가 사업성이 좋아진 여러 일들이 있어서인지 다른 구역에 비해 시공사에 대한 여유가 있는 것처럼 보였다.

:: 종교시설 관계자와 협상하기 ::

　거의 모든 구역에서 빠짐없이 협의를 해야 하는 사업주체 중 하나가 종교시설이다. 흔히 조합 측에서는 종교시설은 재개발 사업의 악재라고 말하곤 한다. 재개발 사업의 가장 큰 수혜자는 일부 교회와 성당이나 사찰 등이라고 주장하는 것과 같은 맥락이다.

　재개발 사업과정에서 다른 문제에 비해 조합과 종교시설과의 갈등은 일반인에게는 잘 알려져 있지 않고, 사업을 추진하는 과정에서 참고할 수 있는 기준이 있는 것도 아니라 숨겨진 어려움이 많다. 일반적으로 하나의 구역 안에 종교시설이 한두 개에서 수십 개가 넘는 경우가 있다. 종교시설 운영주체가 조합원인 경우도 있고 임대인인 경우도 있는데, 어떠한 경우든 일반 조합원이나 세입자와는 다른 기준을 요구한다. 이 때문에 각 조합들은 유사한 사례를 찾아 조사를 하거나 다른 사례를 참고해 협상에 임한다. 하지만 구역별로 협의 과정이나 결과에 많은 편차가 생기게 되고 사업과정을 예측할 수 없는 또 하나의 변수가 되기도 한다.

　대립 직전까지 간 곳도 있고 서로 잘 양보하고 협의한 곳도 있다. 이 장에서는 종교시설과 문제를 겪은 여러 구역의 사례들을 소개한다.

지옥과 천당 사이

:: 성동구 행당제5주택재개발구역 ::

　성동구 행당제5주택재개발구역 안에는 행당동성당 소속인 20년 정도 된 낡은 교육관이 있었다. 성당 본당은 구역 밖에 있었지만 성당 측과 이 건물을 두고 많은 협상을 했다. 대지면적은 112평 정도로 크지 않았지만, 이 부분이 포함되지 않으면 아파트를 계획할 때 한 동의 배치가 되지 않아 조합원 수보다 계획세대 수가 적게 되는 상황이 올 수 있었다. 2007년 당시는 지분 쪼개기로 조합원 수가 상당히 많은 상황이었고, 사업이 지연될 경우 이에 따른 비용 부담은 고스란히 조합원들에게 돌아가기 때문에 조합은 가능한 한 적극적으로 종교단체와 협의하려고 했다.

　조합은 다른 지역의 협상 방식을 알아보려고 뛰어다녔는데 인천, 서울, 경기도 지역에서 비슷한 사례를 찾기 위해 다녔고, 결국 경기도 남양주시 지금동의 사례를 찾아냈다. 그곳은 이 구역과 달리 구역 중앙에 성당이 위치해 있었지만 조합 측에서는 이곳의 사례에 도움을 받았다.

"저희는 8개월 정도의 협의기간을 통해서 해결했지만, 주변 재개발 구역에는 더 긴 시간이 지났는데도 협상에 성공하지 못해 사업을 진행시키지 못하는 경우가 많이 있습니다. 행당동성당 본당은 당시 연면적 255평 정도의 30년 이상 된 건물이었는데, 성당 측은 교육관 부지를 제척시키지 않는 대신 구역 밖에 있던 본당의 신축 공사비를 요구했습니다. 성당 측은 1,400평 규모의 성당을 짓기로 하고 50억 원 정도를 요구했습니다. 조합은 1,000평 규모의 성당으로 공사비 35억 원을 제시했습니다. 결국 본당 공사비로 40억 원을 지불하기로 양측이 협의했습니다. 이는 조합원 개인당 약 1,000만 원에 상당하는 금액입니다. 본당의 위치는 원래 위치에서 도로 코너 쪽으로 약간 이동했는데, 기존의 본당과 교육관 대지 면적을 합친 면적보다 약 10평을 더 주었습니다. 공사과정 중 임시로 사용할 예배공간을 전세로 구하게 되었는데 보증금의 이자를 100퍼센트 요구하였지만, 결국 타협 끝에 조합이 50퍼센트만 부담하는 것으로 결론이 났습니다."

지나고 나니 쉽게 해결된 것처럼 생각되지만 협의 과정은 길고도 험난했다고 성동구 행당제5주택재개발정비구역 조합장은 회상했다.

협상과정에 물리적인 충돌은 없었지만 대화로 풀린 것만은 아니었다. 조합은 명동 대성당에서 주교를 만나기를 요구했고 시위를 하기도 했다. 성당 쪽에서는 성동구와 광진구 교구의 신도들 약 1,000명이 참가하는 시위 계획을 세웠다. 이 계획이 미리 알려지자 이를 막기 위해 해당 지역 공무원들이 담당 성당의 신부님들을 만나기 위해 파견되기도 했고 구청에서는 보도자료를 준비하기도 했다. 가까스로 이런 일이

| 새로 지은 행당동성당.

일어나지는 않았지만 서로 감정의 골이 깊어졌다고 한다. 이 과정에서
구청의 조정이 큰 도움이 되었다.

"성당 측에서는 주민들이 재개발 사업으로 많은 이익을 본다고 생
각했습니다. 그래서 그 정도 부담은 당연한 거라고 생각하는 것 같았습
니다. 하지만 기존 주민들 입장에서는 낙후된 지역의 없는 사람들에게
성당 측에서 지나치게 많은 것을 요구한다고 생각했습니다."

조합 측의 입장을 듣고 난 후 성당 쪽 사람을 만나 인터뷰를 하려고
전화 통화를 시도했지만 연결이 잘 되지 않았다.

말로만 한 약속이었지만,
서로를 믿었습니다

:: 성북구 정릉·길음제9주택재개발구역 ::

다른 구역에도 종교시설이 많지만 성북구 정릉·길음제9주택재개
발구역에는 특히 여러 종류의 종교시설이 있었다. 성당이 구역 중앙에
그대로 존치하게 됨으로써 아파트 배치가 비효율적으로 계획되었고,
이는 조합원들에게 부담으로 작용했다. 현재도 중앙에 위치해 있고, 사
업적으로 부담이었지만 받아들인 것이다. 하지만 성당만큼 중요한 열
쇠를 쥐고 있었던 성가수녀원 문제는 서로 많은 협의와 상호 신뢰를 바
탕으로 좋은 결과를 이끌어 냈다.

"성가수녀원은 구역 바깥에 있었지만 수녀원의 진입도로를 새로 만
들어 주는 문제, 구역 경계 정리를 위한 대토 작업, 구역 내에 있던 수녀
원 소속 어린이집 건으로 상당히 많은 협의를 했습니다. 수녀원과 회의
한 것만 해도 아마 백 번은 넘을 겁니다."

수녀원 진입로는 구역 가운데에 있었던 유일하게 넓은 길이었는데
이 길을 아파트 배치를 위해 수녀원이 양보하고, 조합은 수녀원에 새

| 길음동성당 기존 출입구와 마을 진입로.

| 수녀원 소유가 된 아파트 내 어린이집.

| 단지 내 청소년문고(좌). 단지 내 티하우스(우).

로운 길을 만들어 주었다. 수녀원과 성당의 진입도로 확보를 위해 신도들이 서명을 받았지만 서로 양보해 협상에 성공한 것이다. 조합에서는 수녀원에 이르는 길을 새로 만들기 위해 이미 완공된 옆 구역인 길음제1구역의 양해를 얻어 경사를 완만하게 조정해 이용을 편하게 해주고자 노력을 기울였고, 약 10억 원을 들여 정문이 후문이 되고 후문이 정문이 되는 방식으로 도로를 개설했다. 또한 도로를 만들기 위해 오랫동안 이 지역에서 사업을 운영한 한 회사의 양호한 사옥을 헐어 내는 과정을 거쳤다.

"수녀원과의 타협 중에 보람 있었던 시도는 구역 내에 있던 어린이집 해결이었습니다. 수녀원에서 운영하던 어린이집은 실비로 아이들을 돌봐 주던 곳이라 개발이 된 후에도 지역에서 계속 역할을 해주기를 모두가 희망했습니다. 조합이 아파트 부대복리시설로 계획되는 보육시설을 수녀원이 소유하고 운영할 수 있도록 해 주겠다고 말했을 때 수녀원 측에서는 처음에는 믿기 힘들어했습니다. 수녀원 측에서 따로 알아본 결과 현실적으로 행정이 원하는 대로 처리되기 어렵다는 자문을 얻었기 때문이었죠. 하지만 수녀원 원장님은 조합을 신뢰하겠다고 말해 주었습니다. 심지어 말로 한 약속일지라도 믿어 주시겠다고 했습니다."

　조합은 사업이 완료된 후 구청의 협조로 행정 문제를 처리하고 아파트 어린이집[17]을 수녀원 소유로 넘겼다. 양측의 신뢰가 없었다면 불가능했을 것이다.

---

17) 주택법에 의해 주택단지의 입주자 등의 생활복리를 위해 설치하는 시설로, 어린이 놀이터, 근린생
　　활시설, 유치원, 주민운동시설 및 경로당, 그 밖에 입주자 등의 생활복리를 위하여 대통령령으로 정
　　하는 공동시설 중 하나다.

재단이 있는 종교기관과의
협의는 더 어렵습니다

:: 마포구 상수제1주택 및 현석제2주택재개발구역 ::

상수제1구역 내에는 교회가 있었는데 이 교회와 약 10년의 협의 과정을 거쳐야 했다. 교회 부지는 원래 200평 정도였는데 사업 초기에는 약 600평의 새로운 대지를 요구해 왔다.

"교회 목사님, 장로분들과 한 달에 한두 번씩 2003년에서 2011년 말까지 약 8년간 만났으니 만난 횟수만 해도 수십 번이 넘습니다. 솔직히 서로 배짱도 내밀고 설득도 하는 과정이었습니다. 결국 대토로 위치를 변경하고 신축비를 지원하는 것으로 최종적으로 협의했습니다."

마포구 상수제1주택재개발구역 조합장의 설명이다.

가장 쟁점이 되었던 건 위치였다. 원래 교회 위치는 골목길에 있었지만 새로 만들어지는 단지에서는 가장 좋은 위치인 아파트 입구의 코너를 요구했다.

"처음에는 그 요구를 들어주려고 했습니다. 하지만 서울시 건축심의를 위한 협의 과정에서 상수제1, 2구역의 기부채납 공원시설을 연계하여 배치하는 안을 제안 받게 되어, 결국 교회는 구역에서 상대적으로 고지대에 배치할 수밖에 없는 상황이 되었습니다."

물론 조합원들의 돈으로 하는 사업이기에 조합장 마음대로 협상할 수 있는 건 아니었다. 가능한 한 조합원들의 이익을 추구하면서도 사업을 진행하기 위해서는 끊임없이 협상할 수밖에 없었고, 조합의 입장과 명분을 위해 이해시키고 설득하면서 사정하는 과정이었다고 솔직하게 말했다.

현석제2구역에도 교회가 있었는데 조합 측에서는 협상 과정에 만족하지 못하고 있었다. 4년간의 협상 기간 동안 내용증명만 수십 통을 보냈다.

"교회가 무리한 욕심을 냈습니다. 결국 조합이 양보해서 교회 측 요구를 수용했기 때문에 모범적인 사례라고 생각하지는 않습니다. 대토로 위치를 변경하고 20억 원의 공사비를 지원했습니다. 처음에는 주민들 중에 교회와 생각을 같이하는 분들이 있었는데 사업성에 대해 주민들의 생각이 바뀌면서 홀로 반대하는 양상이 되었고, 점차 위축감이 생기자 결국 조합과 타협했습니다."

조합장은 교회가 여러 협상 대상들 중 가장 힘든 협상 대상이었다고 말했다.

"재단이 있는 교파는 협상이 더 어렵습니다. 재단 측에서 대응 매뉴얼 등을 제공하고 변호사도 파견하기 때문이죠. 저희는 개인 교회였기에 상대적으로 협상이 쉬운 편에 속할 겁니다. 저희 구역 내 교회는 아파트 두 채를 요구했죠. 하지만 법적으로 불가능하기 때문에 한 채로 합의했습니다. 하지만 교회 측과의 협상은 주민들에게 잘 오픈하지 못

합니다. 형평성의 문제가 있거든요."

조합장은 결과에 아쉬움이 있어서인지 교회와의 협상에 말을 아꼈다.

잘 들어주고,
잘 요구했습니다

마포구청의 재개발 담당 주무관 중 한 명은 재개발 사업을 오랫동안 지켜보니 지역마다 교회 분위기가 매우 다르다고 했다.

"같은 재개발구역 내의 교회지만 지역 특성에 따라 달라요. 마포구는 역사가 오래된 교회가 많고 영향력도 큽니다. 그렇다 보니 재개발 사업에서 교회가 우선인 경우가 많습니다. 반면 양천구 같은 곳은 80년대에 조성된 시가지라 교회 역사가 짧아 조합 측에서는 원칙대로 교회와 협의할 수 있었던 것 같습니다."

이런 지역적 상황 때문인지 양천구 신정1재정비촉진1-1주택재개발구역은 교회와의 협상이 다른 구역과는 달랐다. 처음 구역이 지정될 당시 소유권을 가지고 있던 약 10개의 교회가 사업기간이 길어지면서 점차 빠져나가기 시작했다. 이 구역에서 신도가 900명 가까울 정도로 가장 큰 규모였던 교회도 지분을 쪼개서 팔고 그 돈으로 다른 곳으로 이전했다. 사업이 장기화되면서 다른 곳에다 지을 만큼 토지대금

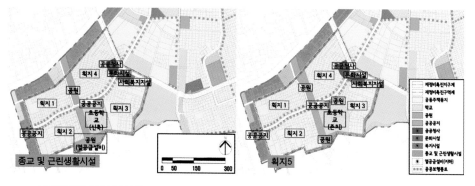

| 용도 변경된 종교시설 부지.

이 확보되니, 주민이 이주하고 어수선한 재개발구역보다 교인을 확보
하기 좋은 신흥지역으로 가는 걸 선택한 것이다. 그 결과 조합원 자격
을 가진 교회는 두 곳이 남게 되었고, 이 두 교회와의 협의 과정은 무
척 달랐다.

다른 접근 방식

"한 교회는 주임목사가 70세 정도였는데 재개발을 하면 조합이 떼
돈을 번다고 알고 있었습니다. 협의 때마다 만남이 곧 싸움이 되었습
니다. 재개발구역을 돌아다니며 협상을 전문으로 하는 목사들을 동원
해서 조합 사무실로 왔습니다. 하지만 분양신청을 안 해서 조합원 자
격이 없어졌지요. 반대로 나머지 교회는 젊은 목사와 장로들로 구성되
었는데 협상 팀이 단계별 진행사항을 잘 들어주었고 요구도 적절히 했
던 것 같습니다. 25번 정도 만났는데 서로의 의견을 잘 파악했습니다.
분양신청을 해 상가에 입주할 예정이라고 합니다."

양천구 신정1재정비촉진1-1주택재개발구역 조합장의 설명이다.

결국 협상에 적극적으로 임한 이 교회만 조합원 자격을 가지고 있어서 종교시설부지 변경 협상을 했고, 조합원들의 사업성을 높이기 위해 종교시설부지의 용도를 변경해 아파트를 짓는 계획을 추진했다. 조합원 자격을 가진 교회와 조합이 동의서를 작성해 서울시에 제출한 결과, 종교시설부지는 주택부지로 변경되었다.

:: 주민과 협상하기 ::

　사업시행인가와 관리처분계획 단계는 조합원들이 자신의 부동산에 대한 평가금액을 확인해 분양을 신청하고 분담금을 결정하는 단계다. 그렇기 때문에 사업의 추진 주도권을 놓고 추진 주체들 간에 갈등이 생기던 사업 초기와는 달리 조합원들과 조합 간의 갈등이 많이 생기는 시기이기도 하다. 또한 각자의 상황에 따라 조합에서 탈퇴하여 청산자가 되기도 한다.

　조합 집행부가 조합원들에게 종전자산 등을 개별우편으로 보내는 등 적극적으로 사업성에 대해 설명하기도 하고, 투기꾼들에 의해 혹은 재개발 사업을 부당하게 이용하려는 일부 조합원들과 협상했던 조합, 높은 분담금 때문에 사업이 정체되는 구역을 찾아갔다.

　사업시행인가와 관리처분계획 단계는 조합원들 서로를 이해하고 배려해 주는 것과 동시에 사업성을 확보해야 하는, 즉 두 마리 토끼를 쫓는 과정이다. 사업성을 확보하지 못하고 이주를 시작한다면 되돌릴 수 없는 상황으로 가게 되기 때문이다. 다양한 조합원들의 다양한 요구에 대응하면서도 주민들의 이익을 위해 노력한 사례들을 모았다.

종전자산을
개별우편으로 보내다

:: 성동구 행당제5주택재개발구역 ::

 행당제5주택재개발구역을 방문했을 때는 이미 입주가 끝나고 상가가 한 개 분양되지 않고 남아 청산하지 못하고 있는 상태였다. 이 구역은 시범적으로 클린업 시스템에 정보를 공개할 만큼 조합 운영을 투명하게 한 구역이지만 사업 단계마다 많은 일들이 있었다.

 "조합과 주민은 처음에는 좋은 관계로 시작하지만 곧 루머가 생기기 시작합니다. 이를 막을 수 있는 방법 중 하나가 투명하게 조합을 운영하는 겁니다."

 조합장이 된 과정을 물었다.

 "주변에서 조합장은 도둑놈이라는 소리를 하도 많이 들어서 사실 큰 관심은 없었습니다. 우리 구역이 재개발 사업을 시작하자 저는 40년 가까이 이곳에서 살았기 때문에 이사가 되었습니다. 그런데 사업을 진행하던 조합장이 돌아가셨습니다. 사람들이 이사들 중 제일 연장자인 저에게 조합장이 되라고 했어요. 단독 후보였지만 선거에서 90퍼센트가 넘는 지지를 받았습니다. 솔선수범하는 조합장이 되려고 모든 업무를 사무장 30퍼센트, 총무 30퍼센트, 제가 40퍼센트로 분담해 각자 맡은 역할에 충실했습니다."

하지만 사업의 걸림돌이 있었는데 건립 세대 수보다 조합원 수가 많았던 게 문제였다. 예전에는 지분 쪼개기가 굉장히 심했기 때문이다.

"부동산의 권유로 지분을 쪼개었던 분들을 대상으로 분양신청을 받을 때, 이분들을 설득해서 37개를 다시 합필시켰습니다. 다가구를 가지고 있던 분들이 주로 각 층마다 개별등기를 했기 때문에 조합원 수보다 계획세대 수가 10세대 정도 모자랐습니다. 일반분양분은 아예 없었죠. 10명이 청산을 해야 했고, 이분들은 지분 쪼개기의 피해자들이었습니다. 이후로는 성동구청에서 금지해서 지분 쪼개기가 많이 없어지긴 했어요. 집이 모자라 억울하게 무주택자가 된 분들을 위해 무언가를 해야만 했습니다. 임대아파트 입주 대상이 될 수 있는지 알아봤죠. 공익사업으로 불이익을 받고 무주택자가 되었으니 임대아파트 입주 대상이 된다는 의견을 받았습니다. 제가 알기로는 최초라고 합니다. 청산 조합원들 중 임대아파트로 가신 분들이 있습니다."

또 다른 시도도 있었다.

"우리 구역에서 다른 구역과 다르게 했던 일 중의 하나가 관리처분계획을 앞두고 개별 종전자산을 우편으로 보내 준 것입니다.[18] 주로 조합 사무실이나 구청에 가서 열람을 할 수 있었는데, 저희는 열람 외에

---

18) 2009년 개정된「도시및주거환경정비법」제48조에 의하면 총회 개최일부터 1개월 전에 분양대상자별 종전의 토지 또는 건축물의 명세 및 사업시행인가의 고시가 있은 날을 기준으로 한 가격을 각 조합원에게 문서로 통지해야 한다. 일반 재개발구역에서 종전자산을 문서로 통지해 준 사례는 많지 않았다.

도 개별적으로 우편으로 보내 주었죠. 처음에는 구청에서도 걱정했습니다. 다른 곳에서는 하지 않던 일이었기 때문입니다. 평가금액을 서로 비교한 후 불만이 많아지고 시끄러워질 것을 우려한 것입니다. 하지만 감정평가금액에 대해 답변을 못해 줄 것 같으면 애초에 사업을 해서도 안 된다고 생각했습니다. 물론 조합원들 중 몇 분은 이의를 제기했고, 해당 자산에 대해서는 다시 감정평가사의 답변을 받았습니다."

조합장은 관리처분계획총회가 다른 구역에 비해 굉장히 쉽게 끝났다고 말했다. 동대문체육관에서 1시간 정도 진행되었는데 현장에 왔던 정보과 형사가 웃으며 너무 싱겁게 끝났다고 농담을 할 정도였다.

"조합에서 총회 전에 미리 개별 금액을 알리는 노력을 했고, 조합 사무실을 찾아오는 조합원들 한 분 한 분에게 총회 전 미리 설명을 해 드렸던 게 도움이 된 것 같습니다. 조합원들은 본인들이 미리 알고 간 금액과 비슷했기 때문에 문제없이 회의가 진행된 듯합니다."

또한 분양가가 높지 않은 것도 중요한 요인이었다.

"일반분양분이 없기 때문에 조합원들에게 불리한 상황이었는데도 비례율이 96퍼센트 정도였습니다. 2008년 30평형대 분양가가 평당 1,184만 원이었는데 인근 지역보다 상당히 저렴한 금액이었습니다. 크게 큰 평수로 욕심만 내지 않으면 분담금이 크지 않았습니다."

하지만 상가에 대해서는 좋은 결과를 얻지 못하고 있다.

"저희 구역은 상가 일반분양분이 없었습니다. 상가 면적도 법적으로 지어야 하는 최소 기준만큼만 계획했어요. 기존에 장사하던 분들이 상가를 모두 배정받는 것으로 초기에 협의했습니다. 권리가액이 높은 분부터 상가의 위치를 선택했습니다. 각자의 의향에 따라 배정했기 때문에 크게 문제가 없었죠. 하지만 분양계약을 체결하려고 하니 몇 분은 융자를 1억 원 넘게 받아야 했고, 상가 세를 놓았을 때 그만큼의 이윤이 없다고 판단해 현금 청산을 했습니다. 사실 가슴이 아팠습니다. 재개발이 아니었으면 평생직장인 상가에서 세를 받으며 살 수 있는 분들이니까요. 저는 상가 법적계획면적을 구역의 특성에 맞게 융통성 있게 계획할 수 있었으면 좋겠습니다."

이 구역은 아파트 단지가 산을 등지고 있어 아파트 주민을 제외하고는 유동 인구가 거의 없었다.

현재 이 구역은 상가 한 개 때문에 청산을 못하고 있었는데 청산법인 대표가 된 조합장은 이 상가 때문에 마음이 무거운 듯 보였다.

"계약상 준공일로부터 1년 이내에 공사대금을 정산하기로 되어 있습니다. 시공사로부터 압박을 많이 받아요. 하지만 예비비를 많이 못 떼어 놓아 정리를 못하고 있습니다. 가난한 사람들에게 추가분담금을 작게 해 주려고 예비비를 많이 잡지 않았죠. 상가가 두 번 유찰되면 거의 경매 직전 단계인 50퍼센트 정도로 가격이 떨어집니다. 예비비가 있으면 나머지 50퍼센트를 메워서 정산할 수 있을 텐데 말이죠."

그는 조합장의 책임에 대한 자신의 생각을 말했다.

"모든 것에 대한 책임은 조합장에게 있습니다. 그래서 외롭고 쓸쓸한 자리인 것 같습니다. 자신의 공로를 피력할 곳도 없습니다. 저도 깨끗하게 세상을 살았지만 사실 양심을 가지고 착한 사람들이 이겨 가기 힘든 자리라는 생각도 듭니다. 우리 마을을 위해 최선을 다하고 머릿돌에 제 이름을 새기는 것이 목표였습니다. 누군가가 지나가면서 머릿돌에 있는 내 이름에 침을 뱉을 짓을 하지 않았기 때문에 떳떳하게 이름을 새겼습니다."

　재개발 사업은 주민들과 신뢰를 쌓고 투명하게 조합을 운영하는 조합 집행부와 조합원 개개인의 적극적인 참여가 필요하다는 것을 새삼 느낄 수 있었다.

사업과정에서
가장 힘든 협상 대상은?

:: 은평구 불광제6주택재개발구역 ::

모든 재개발·재건축구역 내에는 사업에 찬성하는 사람도 있고 반대하는 사람도 있다. 그렇다면 사업을 하려고 하는 쪽에서 보면 가장 힘든 협상 대상은 누구일까? 종교시설을 제외하면 주로 대형 사업체를 가진 사람들일 수도 있고, 양호한 주거 환경을 가진 사람들일 수도 있을 것이다.

불광6구역의 전면에 있는 대로변에는 주유소, 사우나, 모텔, 한식당, 고급빌라 등이 있었다.

"구역의 전면도로에 있는 건물 주인들이 사업에 동의하지 않으면 도로가 협소해 공사할 때 트럭이 드나들기 힘든 상황이었습니다. 이런 분들과의 협상이 쉬운 것은 아니었지만 사업비가 2,000억 원이나 되는 사업에서 사업기간이 길어질수록 결국 들어가는 돈이 더 많아 이분들에게는 대형 평수 아파트를 주고 나머지 가치에 해당하는 것은 한꺼번에 돈을 주어 다른 곳에 투자할 수 있도록 유도했습니다."

물론 합의서를 쓴 후에도 파기한 경우가 있었는데, 다음 날 와서 보상을 더 받아야 한다고 말했다는 것이다.

"대형 사업체 외에도 구역 귀퉁이에 양호한 빌라가 있었습니다. 이 빌라에는 잘사는 분들이 있었고 구청장과 친분이 있는 분도 있어 구청장에게 민원을 넣기도 했습니다. 이분들과 협의하기 무척 힘들어 고생을 많이 했습니다. 하지만 은평구청에서는 그 빌라를 포함시켜 개발하기를 원했습니다. 왜냐하면 지역의 환경을 개선시키고 발전시키려면 균형 있는 모습이 되어야 한다고 생각했기 때문이었습니다. 18세대에 큰 비용을 지급했지만 전체가 개발되어야 한다는 데 모두들 동의했고, 협의 과정은 어려웠지만 결국 잘 마무리가 되었습니다."

조합장은 당시를 회상하며 이렇게 말했다.

또 다른 측면에서 어려운 협상 대상자는 소위 말하는 '꾼'이다. 사업을 하는 측에서 가장 힘든 상대는 아니었지만 지루하게 협상을 해야 했고 합리적으로 타협을 할 수 없는 경우였다.

"어느 구역이나 피할 수 없는 사람들이 있는 것 같습니다. 국공유지 위에 있는 무허가 집을 구입한 분이었죠. 무허가 주택도 분양권을 인정받을 수 있는 것을 다른 지역에서 경험하고 투자 개념으로 구매한 분이었습니다."

소송으로 갈 경우 조합원 자격을 박탈하는 방식으로 조합이 이길 수 있었으나 협상하기로 결정했다. 그 사람은 자신이 사용하고 있는 국공유지를 매입하겠다고 신청하고도 돈을 지불하지 않고, 아파트 분양 신청을 하고도 계약금을 내지 않았다. 한 집이 소유자가 확정되지 않을 경우 그 한 사람으로 인해 전체 조합원이 이전고시를 낼 수 없다는 것을 이용한 것이다.

"설득과정은 쉽지 않았습니다. 조합 측에서는 결국 본인이 투자에 실패한 걸 인정하라고 설득했습니다. 무허가 주택에 살고 있는 세입자들에게 돌려줄 전세금과 기타 경비로 쓸 수 있는 금액을 조합에서 주었습니다."

하지만 조합장의 입장에서는 결정에 대한 책임을 져야 하기 때문에 쉽지 않은 일이었다.

일반 조합원들 중 조합을 난처하게 만드는 경우는 주로 종전자산에 대한 감정평가와 관련된 것이 많다.

"한 조합원의 경우는 자신의 집에 대한 감정평가금액을 올려 달라고 돈 보따리를 들고 조합으로 찾아왔습니다. 계속 만나자고 연락을 했지만 밖에서 만나 주지 않으니 결국 조합 사무실로 찾아왔어요. 하지만 이런 상황에서도 그런 분을 너무 무안하게 만들면 안 된다고 생각했습니다. 잘 설명해서 무안하지 않게 돌려보내려고 노력했습니다."

협상은 원칙대로 갈 수도 있고 다소 융통성은 있으나 위험부담이 높은 방식으로 갈 수도 있을 것이다. 시대가 바뀌면서 협상을 바라보는 조합원들의 기준들도 달라질 것이다. 하지만 개인의 이익과 동시에 공동의 이익을 생각할 수 있는 현명한 판단들이 요구된다는 점은 변하지 않을 것 같다.

높은 분담금은 아니 땐
굴뚝에 연기를 나게 하고

:: 양천구 신정1재정비촉진1-1주택재개발구역 ::

이 구역은 2010년 9월부터 분양신청을 받기 시작했는데 이 시기는 작은 평형 선호로 돌입하던 때였다. 분양신청을 막상 하자 조합원 수의 절반인 약 1,100세대가 20평형대를 요구했다.

"600명에서 700명이 원하는 평형대에 들어갈 수 없는 상황이었습니다. 함께 가지 못한다고 포기하기에는 너무 많은 숫자였죠."

이때 분양가가 너무 높아서 주민들 사이에 '분양가인하추진위원회(이하 분추위)'가 생겼다. 조합원 수의 절반이 20평형대를 요구했다는 것은 분담금을 낼 수 없는 사람들이 많다는 것이고, 조합원들의 무리가 따르는 사업은 결국 '분추위'가 생겨나도록 했고, 반대를 위한 반대를 하는 사람들에게 힘을 실어 주어 국정감사라는 상황까지 가게 되었다.

분양이 진행되고 있을 무렵 기존부터 사업에 반대하던 주민들은 지역 국회의원에게 찾아갔고, 조합의 비리 문제를 밝히려는 지역 국회의원이 자신이 소속된 정무위원회에 안건으로 올려 국정감사 대상으로 채택이 된 것이다. 주민들은 20개 항목에 대해 문제를 제기했다. 당시 동네에는 조합의 각종 비리가 밝혀지고 나면 세대당 분담금이 약 1억 원씩 줄어들 거라는 소문이 돌았다. 따라서 사람들은 분양신청을 하지 않고 관망하기 시작했다.

"분양에 정신이 없을 시기에 국회 법제처 사전조사에 20번이나 불려 다녔습니다. 총리실과 공정거래위원회를 대상으로 하는 감사에 우리 구역이 안건으로 끼었습니다. 일개 정비사업구역이 국정감사 대상이 되었으니 상식적으로 이해할 수 없는 일이죠. 어쨌든 일주일 후 총리실 주도로 국회, 국토해양부, 공정거래위원회, 서울시, 양천구청에서 함께 합동대책반을 꾸려서 우리 구역에 대한 감사를 실시했습니다. 한 달 동안 불려 다니며 고생했습니다. 대의원회를 소집해 놓고도 못 나가는 일이 있었습니다. 700~800만 원이 드는 회의니 참석해야 한다고 부탁하기도 했습니다.

드디어 국회의원이 분양 마감 3일 전에 60명을 불러 20가지 문제제기에 대한 조사결과를 발표했습니다. 반대 측 15명도 참석했습니다. 의원은 자신이 경솔했다고 말하더군요. 자신도 밤을 새워 가며 두 달간 조사를 했다고 합니다. 비서실에서는 사과하는 걸 말리지만 조합원들에게 피해를 준 것 같다면서 정식으로 사과한다고 했습니다. 앞으로 사업을 지원하겠다고 하며 조사내용은 총리실 과장이 직접 발표할 거라고 했습니다. 그 자리에서도 반대 주민들이 인정 못하겠다는 발언을 하자 국회의원은 그 사람들에게 화를 냈습니다."

자신들이 조사한 게 무효냐며, 양심이 있으면 자신한테 사과해야 한다고 그 국회의원은 언성을 높였다고 한다.

조합장은 분추위와 조합을 차지하기 위한 반대 세력들과의 차이에 대해서도 이야기했다.

"그 국회의원에게 제가 말했죠. 도와줄 생각이 있다면 젊은 사람들이 주축이 되어서 분양가 인하에 노력하는 분추위 사람들이랑 상대하십시오. 조합을 차지하려고 사업에 반대하는 사람들은 조합설립에 동의도 안 한 사람들입니다."

분양 마감 이틀 전에 국정감사는 이렇게 끝났지만 당시 분양률은 50퍼센트가 채 되지 않았다. 국정감사 결과에 따라 분양신청을 하려고 한 사람들도 있었기 때문이다.

"조합에서는 문자로 국정감사 결과를 알렸습니다. 일요일이 분양 신청 마감인데 마침 그날 제가 성당에서 봉헌 의례 담당으로 지정되었습니다. 의례 준비를 위해 눈을 감고 앉아 있는데 불현듯 분양가인하 추진위원회와 반대 주민 대표에게 전화를 해야겠다는 생각이 들었습니다. 재산이 걸린 문제니 당신의 책임이 따른다. 당신들의 말을 듣고 분양신청을 안 한 사람들의 재산이 걸린 문제다. 분양을 받을 분들은 신청하라고 당신들이 문자를 보내라고 했습니다.

미사를 끝내고 사무실에 갔더니 분추위 위원장이 식사를 하고 있더군요. 자신도 분양 신청을 하고 조합원 50명도 분양 신청을 한 후 늦은 점심을 먹고 있었던 겁니다. 문자도 보내고 부동산도 다니면서 결국 75퍼센트가 분양 신청을 받았습니다."

이렇게 해서 2011년 5월 관리처분계획인가가 났지만 이대로 사업이 진행되지는 않았다. 물론 조합은 6개 행정기관들의 합동조사는 조합의 사업 진행이 합법적이라는 걸 입증해 주었다고 긍정적으로 생각했다. 조합은 현재 2,530세대를 3,046세대로 변경하는 안으로 정비계획변경을 추진하고 있다. 소형 평수를 늘리는 것뿐만 아니라 사업성을 개선하는 일에 매진하고 있는 것이다.

사업이 어떻게 진행될 것인지 지금으로서는 알 수 없지만 사업기간이 늘어나면서 비용이 증가하고 있고, 이는 모두 조합원들이 부담해야 한다는 걸 조합원들은 인식하고 있을 것이다. 결국 재개발 사업의 사업기간은 사업성의 중요한 요소가 되고, 사업의 빠른 속도는 조합원들의 요구를 가장 잘 파악할 때 가능하다는 것을 절감할 수 있었다. 아니 땐 굴뚝에 연기가 난다고 우기는 사람들이 잘못한 것은 맞지만, 그런 사람들이 있게 만들어서도 안 될 만큼 재개발 사업은 조합원들의 전 재산이 걸린 중요한 사업이라는 것을 생각하게 만드는 사례였다.

나는 땅값 오른 후에 샀다고요

:: 마포구 상수제1·현석제2재개발구역 ::

　　마포구 상수1구역 조합장은 주민들 간의 갈등의 중요한 요소는 자신의 재산에 대한 평가금액이라고 말했다. 수많은 갈등의 원인들을 잘 살펴보면 결국은 모두 종전자산 평가금액에 관한 것으로 모아진다고 했다. 한 구역에서도 위치에 따라 금액이 천차만별인데 사람들은 이를 잘 받아들이지 않는다는 것이다.

　　"사람이 왕래하기도 어려운 곳에 땅이 있는 사람은 30미터 도로변 땅값과 금액을 비교합니다. 또 30미터 도로변에 땅이 있는 사람은 상업지역의 금액을 요구합니다. 이런 것들이 잘 받아들여지지 않으면 갑자기 조합장이 도둑이 되고 능력이 부족한 사람이 되는 겁니다. 결국은 집행부 비리로 둔갑하고 여론이 부정적으로 확산되어 사업이 꼬이게 됩니다. 이것은 다시 사업기간의 연장으로 이어지고 사업성이 떨어지는 결과를 가져오게 됩니다."

　　또한 종전자산의 평가금액에 대한 문제는 쉽게 풀리지 않는 부분

| 10년이라는 긴 사업기간 동안 많은 변화가 생긴다.

이다. 10년의 시간 동안 땅값은 상상하지 못할 정도로 바뀌는데, 주민들에게 이를 법적인 근거를 동원해 설명해도 이해시키기가 쉽지 않다.

"사업기간이 5년 정도만 되어도 많은 문제들이 정리될 수 있을 것 같습니다."

종전자산의 평가에 대한 문제는 마포구 현석제2구역에서도 똑같이 들을 수 있었다. 관리처분계획인가 총회 전에 주민들에게 종전자산 평가액과 분담금 등을 알려 주는 상담을 진행할 때, 종전자산 평가액이 개발이익을 배제한 상태의 가치라고 설명을 하면 열 명 중 한 명 정도만 이해하고 받아들인다는 것이다. 어떤 경우는 두세 시간을 설명해도 결국 납득을 못하는 경우도 있다는 것이다. 또 투자자들 중에는 이렇게 말을 하기도 한다고 했다.

"나는 땅값이 오른 후에 땅을 샀다고요. 개발이익을 이미 지불하고 땅을 샀는데 개발이익을 배제한 원래 땅값으로 계산해 준다는 게 말이 됩니까?"

재개발 사업구역의 토지나 건축물 소유자는 기존부터 살고 있는 원주민과 사업성을 보고 투자한 투자자로 나뉘는데, 이 두 부류 모두가 조합원임을 인정해야만 사업을 추진할 수 있다. 양측을 설득하기 위해서는 좋은 주거환경으로 변화할 수 있다는 점과 높은 사업성을 얻을 수 있다는 믿음을 주는 것 이외에는 현재로선 해답이 없다고 했다.

이주 · 공사 · 청산

:: 마무리 풍경들 ::

이 장에서는 이주가 시작된 후 공사를 준비하면서, 또 진행되는 동안에 발생하는 주변 지역과의 협의들을 소개한다.

이주과정의 갈등 당사자들이 사전협의체를 통해 협상 테이블에 앉는 모습과 원칙은 원칙대로 지키면서도 선행을 베푼 이야기가 담겨 있다. 이주를 앞두고 마련한 마을잔치도 흐뭇한 풍경이다.

사업과정에서 발생하는 민원을 잘 처리하여 오히려 수익이 난 경우, 공사과정에서 생기는 민원을 조정해 주는 기관을 적극적으로 활용한 사례도 포함되어 있다.

이주과정이나 청산 단계의 모습들을 제한된 사례지만 소개한다.

강제 이주 없이
공사를 시작하다

:: 마포구 현석제2주택재개발구역 ::

조합장들에게 이주과정에 대해 물어보면 대부분 말을 꺼내기 힘들어한다. 소송이라든지 강제 철거가 없으면 좋겠지만 현실에서는 이주비 이자비용이 사업비에서 차지하는 비중이 크다는 점 때문에, 협의에 실패한 경우 명도소송이라는 마지막 선택을 해야 하기 때문이다.

현석2구역에서는 공장 한 곳과 고시텔 한 곳, 교회 등이 마지막까지 이주를 거부했다. 조합은 이들 소유자들과 어떻게 협상했을까?

"결국 명도소송까지 갔는데 조합은 원칙을 고수했습니다. 이분들에게 이주에 대한 특혜를 줄 경우 먼저 이주한 사람들과의 형평성이 어긋난다고 보았기 때문입니다. 조합장도 감사 대상이므로 조합장 마음대로 할 수 있는 것도 아닙니다."

하지만 영세한 토지등소유자들을 위해서는 조합에서 도움을 주었다. 종전 평가금액 60퍼센트 정도의 이주비로 부족한 소규모 영세 주민들을 위해 부족한 부분에 대해서는 조합에서 저리로 이주비를 추가

대출해 주었다.

"발생되는 이자는 결국 조합원들이 지불하는 것이지만 개인적으로 대출을 받기 어려운 사람들에게는 큰 도움이 되었을 겁니다."

현석2구역은 서울시가 추진하는 '사전협의체'를 운영한 구역이기도 하다. 사전협의체 정책은 서울시가 강제 철거 없는 재개발·재건축·뉴타운 정비사업을 추진하기 위해 조합과 세입자 간 충분한 대화 창구를 마련하여 강제 철거를 예방하기 위한 것이다. 서울시에서는 법을 떠나서 강제 철거라는 극단적인 상황이 발생하지 않도록 대화와 협의로 해결을 유도하고자 한다. 사전협의체는 조합과 가옥주, 세입자, 공무원 등 총 5인 이상으로 구성되는데, 구성 시기는 관리처분인가 신청 전까지 구성하여 관리처분인가 신청 때 운영계획과 함께 관할구청에 제출하면 된다.

협의체에 참석했던 총무이사는 사전협의체가 긍정적인 역할을 했다고 평가한다.

"저희 구역은 강제 이주 대상 세입자나 소송을 한 세입자가 없었습니다. 그래서 협의체에는 5개 물건에 대한 가옥주 네 분과 담당 공무원, 저까지 모두 여섯 명이 참석했습니다. 한 분은 불참하셨어요. 나이 드신 한 분은 다가구주택 소유자이고 나머지 세 분은 공장, 고시텔처럼 모두 5억 원에서 8억 원 정도의 자산을 가지고 있었던 분들로 명도소송까지 갔던 분들입니다. 구청 담당자가 서로 양보해서 원만하게 해결하자고 하면서 과거 사례 등을 자세히 설명해 주었습니다. 그분들의 입장에서는 합의를 안 하면 청산금이 많이 오를 거라고 믿고 있었는데 그렇지 않다는 것을 알게 된 계기가 되었던 것 같습니다. 구청이 그분들

| 대화의 물꼬를 트는 역할을 했던 사전협의체 모습.

이 주장하는 돈을 마련해 줄 수도 없는 입장이고, 협의체를 강제할 수 있는 권한도 없으니 요식행위라는 견해도 있을 수 있습니다. 하지만 대화의 물꼬를 트는 역할은 한다고 봅니다. 그 전에는 서로 대화의 장이 마련되지 않았는데 이후로는 대화의 장이 마련되었고 금액 조정을 했습니다. 사전협의체를 한 후 두 달 정도 후에 합의가 끝났습니다. 그래서 저희 구역은 100퍼센트 강제 이주 없이 협의 이주를 완료했습니다."

한편 이주과정 중에 좋은 일도 있었다. 조합에서 이주를 위해 세입자들을 만나는 과정에서 도움이 필요한 분을 도운 사례였다.

"불편한 몸으로 부모님이 어디 계신지도 모르고 부모님과 20년째 헤어져 살고 있던 분이었습니다. 본인이 기초생활수급대상자인지도 몰라 혜택도 못 받고 지내고 있었죠. 이런 딱한 사연을 전해 듣고 도움을 드리려고 이리저리 수소문해 부모님을 찾아 드렸습니다. 부모님과의 상봉도 주선했지요. 기초생활수급대상자 처리도 적극 도와 다소나마 병원비 부담을 덜어 드렸습니다. 그동안 몸이 아팠는데도 돈이 없어 병원도 다니지 않았더군요."

조합장과 총무이사는 이 주민을 도운 걸 당연하게 생각하고 있었다.

"도울 수 있는 상황이었고, 그렇다면 도움을 드리는 게 당연한 거죠."

이렇게 말하는 총무이사의 따뜻한 웃음을 다른 조합에서도 많이 볼 수 있었으면 좋겠다.

이주 기념
통돼지 바비큐 마을 잔치

:: 중랑구 면목제2주택재건축구역 ::

재개발·재건축 이주 현장은 강제철거 등으로 늘 살벌한 이미지가 떠오르는데 중랑구 면목제2주택재건축구역은 이주를 앞두고 마을 잔치를 열었다. 이주가 상당 수준 이루어지고 본격적인 철거에 들어가는 시점에 마을 잔치를 열었는데, 조합원 156명 중 70~80명이 참석했다. 조합장은 마을 잔치에 대해 다음과 같이 기억했다.

"마을 주민들이 잘 경험하지 못했을 통돼지 바비큐 잔치로 준비했는데 주민들이 매우 좋아했습니다. 규모가 작은 조합 특성을 잘 살린 행사였다고 생각합니다. 일부 조합원은 조합원도 아닌 사람들이 잔치에서 먹는다고 불평하기도 했습니다. 하지만 제가 등산객이 아니면 그냥 두라고 했습니다. 조합원이 아니더라도 세입자들도 같은 동네 사람 아닙니까?"

마을 잔치는 잘했지만 이주와 관련해 소송이 있었다고 한다. 재건축구역이었기 때문에 세입자 보상 문제는 조합이 관여를 안 했지만, 사

| 이주 기념 마을 잔치.

업 미동의자의 건물에 있던 세입자가 이주를 거부했다.

"1심에서 세입자가 지고 나서 항소를 하길래 조합이 소송을 취하할 테니 정리하자고 제안했습니다. 하지만 상대편은 조합이 불리하자 연락을 먼저 했다고 생각하더군요. 하지만 2심에서도 저희 조합이 승소했습니다. 명도집행을 하려고 하니 그분이 자신이 얻어 둔 가게로 짐을 옮겨 달라고 하더군요. 미리 가게를 얻어 두고도 옮기지 않고 있었던 겁니다."

이후 조합장은 조합원 동·호수 추첨을 하면서 조합원들의 신뢰를 얻는 게 얼마나 어려운지를 알게 되었다. 금융결제원에서 전산 추첨으로 동·호수를 결정했는데 장소가 협소해 참관인을 20명으로 제한

했다.

"참관인 신청을 받았는데 한 집의 경우 부인이 조합원이라 참관인에 뽑혔어요. 부인은 추첨 장소에 들어가 직접 추첨을 하고 참관도 했는데 남편분은 들어가지 못했죠. 그런데 부인이 그다지 좋지 않은 호수를 배정받자 남편분이 참관인으로 들어갔던 사람들은 모두 좋은 호수를 배정받았다고 수상하는 기예요. 자신의 부인이 그곳에 있었는데도 말이죠. 이 일 이후 조합 비리를 주장하더군요. 좋은 관계로 지내던 조합원이 갑자기 변하는 모습을 보니 마음이 불편했습니다. 나중에 잘못했다고 사과를 했지만 조합 일이라는 게 이런 거구나 하는 생각이 들었습니다."

조합장 인터뷰를 하러 갔을 때 조합장은 모델하우스에서 막 돌아오는 길이었다.

"모델하우스에 구경 온 분들이 한꺼번에 몰리는 경우 도우미들이 한정돼 있어 설명을 못 듣는 분들이 있어요. 그분들이 그냥 가는 게 안타까워서 직접 설명을 하느라고 목이 쉬었습니다."

이 말을 통해 일반분양의 성공에 대해 면목제2주택재건축구역 조합장을 비롯하여 다른 조합장들이 얼마나 많은 책임을 느끼는지 짐작할 수 있었다.

불필요한 대지를
되팔아 수익을 내다

:: 성북구 길음제8주택재개발구역 ::

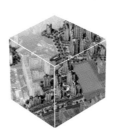

공사가 진행 중일 때는 공사와 관련된 민원들이 많이 발생하기 마련이다. 길음8구역은 새로 조성되는 구역 경계 도로와 관련한 민원이 발생했다. 2009년 말부터 구역에 인접해 있던 작은 빌라에서 조합과 구청을 상대로 민원을 넣기 시작한 것이다. 하지만 구청과 시공사, 조합이 협의를 하고 조금씩 양보해 민원을 합리적으로 해결해, 결과적으로 조합원들이 불필요한 대지를 잘 처리하여 수익을 냈다.

길음8구역은 고저차가 심한 지역이었는데 구역 경계 밖에 7세대가 거주하는 빌라가 한 동 있었다. 이 빌라는 길음8구역과 도로를 사이에 두고 있었는데, 도로 경사를 완만하게 조정하는 계획을 하면서 사업이 완료되면 그 빌라의 진입로에 문제가 예상되었다고 한다. 빌라 측은 구역 편입을 요구했지만, 그 땅은 구역을 둘러싸고 있는 넓은 도로 건너편에 있는 작은 면적의 부지였기 때문에 편입시켜도 길음8구역의 입장에서는 활용도가 낮았다.

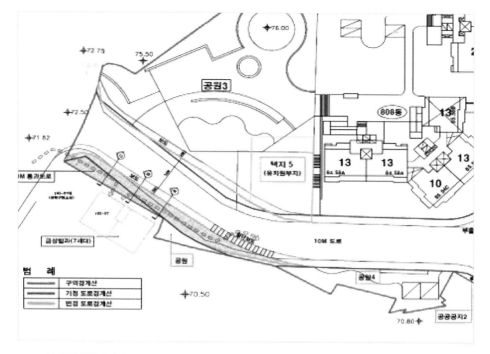

| 빌라와 구역 사이의 도로경계선 조정안.

  "빌라 측은 20년이 된 빌라를 신축하는 비용을 조합과 시공사에서 각각 3분의 1씩 부담하길 원했습니다. 이사회의 동의가 있어야 했으나 부결되는 등 조합도 결정하기 어려웠습니다. 이 와중에 보상을 노리고 부동산업자들이 끼어 소위 알박기가 진행되고 있었죠. 갈등이 심해지면 사업이 지연될 수밖에 없는 상황이었습니다. 준공이 나기 전에 협상에 성공해야 이전고시를 할 수 있었거든요. 2010년 1월부터 4월까지 조합 사무실에서 빌라 측, 조합 측, 시공사, 구청 담당자가 모여 세 차례에 걸쳐 회의를 했습니다. 입주를 목전에 두고 저희 조합 측은 빌라를 조합에 매각할 것을 제안했습니다. 구청도 가능한 부분을 적극적으로 도와주었고 시공사도 매입비를 대여해 주었습니다. 시공사가 빌라

| 기존 금성빌라 진입로.

를 철거한 후 대지 조성을 다시 했습니다."

그 후 조합은 재매각 방식을 택했다.

"몇 개 신문에 광고를 내 좋은 값에 땅을 되팔 수 있었고, 결국 조합원들에게 수익을 올려 줄 수 있었습니다. 시공사가 대지 조성을 했기 때문에 조성비도 절감할 수 있었습니다."

결과는 성공이었다.

선뜻 주기에는 큰돈

:: 서대문구 가재울뉴타운제2재정비촉진구역 ::

아파트 공사가 진행되면 주변 구역 주민들로부터 일조권이나 먼지, 소음 등에 대한 민원들이 많이 들어온다. 이 구역도 예외 없이 환경과 관련된 분쟁이 발생했다. 조합 총무이사는 이 문제를 중앙환경분쟁조정위원회에서 도움을 많이 받았다고 전했다.

"나라면 어땠을까? 역지사지로 생각해 보았습니다. 제가 그분들의 입장에서 생각하면 당연한 주장이었습니다. 근거 없이 서로 자기주장만 하기보다는 합당한 보상을 해 주는 게 서로 좋겠다고 판단했습니다. 그래서 그분들께 막무가내로 주장하시는 것보다 저희 조합에서 오히려 보상을 받을 수 있는 방법을 알려 주겠다고 했습니다. 국토해양부 중앙환경분쟁조정위원회에 의뢰하자고 했습니다. 저는 중앙환경분쟁조정위원회를 많은 분들께 소개시켜 주고 싶습니다. 일단 좋은 점은 양측 다 비용을 절감할 수 있다는 것입니다. 그리고 중앙환경분쟁조정위원회 위원들이 다각적이고 공정하게 판단해 주었습니다. 피해 사실

조사부터 보상금 제시까지 중립적으로 역할을 해 주었습니다. 전수조사를 통해 조사를 하고 권고사항을 알려 주었습니다."

조합 집행부는 개인 돈을 쓰는 것이 아니기 때문에 조합 임의로 보상금을 주는 것도 조심스러운 문제라, 보상금액이 큰 일조권은 재판으로 갔는데 법원에서도 조정을 유도했다.

"보상금을 줄이려고 재판으로 간 건 아닙니다. 보상을 요구하는 인근 주민들의 주장은 당연한 것이었지만 선뜻 주기에는 큰돈이었습니다. 특히 일조권과 관련된 부분은 금액이 컸습니다. 집행부는 조합원들의 돈을 쓰는 것이기 때문에 공적인 기관을 통해 확인된 돈을 집행하는 게 집행부로서도 부담감이 없었습니다. 또 조합원들을 이해시키기 쉽다는 측면이 있었습니다. 재판에서 판결 나온 보상금과 위원회의 보상금이 큰 차이는 없었습니다."

공사가 시작될 때는 약 100세대가 분쟁에 참여했다.

"모든 분들이 꼭 돈을 원해서는 아니었습니다. 그래서 피해가 미세한 분들께는 찾아 뵙고 정중하게 말씀드렸습니다. 불편한 것은 이해되나 현금 보상까지 해 줄 부분은 아니라고 말씀드렸습니다. 이렇게 소송 당사자들과 충분한 대화로 문제를 해결했습니다."

나중에는 일조권과 관련된 소송은 50세대 정도로 줄고, 나머지 50세대 정노는 소음이나 분진 관련된 내용으로 변경했고, 중앙환경분쟁조정위원회의 권고를 받아들였다.

"일조권 보상은 가옥주가 받고 환경 관련 보상은 거주하는 세대원이 받습니다. 조망권에 관련된 보상은 거의 인정을 안 해 주는 것 같습니다. 저는 서로 옳다 그르다 하는 것보다 정부나 시가 운영하는 환경

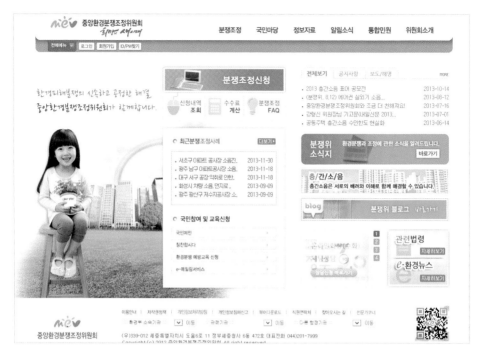

| 중앙환경분쟁조정위원회 홈페이지.

분쟁조정위원회를 활용하는 게 좋다고 생각합니다. 위원들이 전문가들로 구성되어 많은 도움을 받았습니다."

이 구역은 주변 지역 주민들에게 오히려 적극적으로 보상 방향을 제시하여 갈등을 합리적으로 최소화했다.

절약으로 만들어 낸 배당금

:: 동대문구 휘경제2주택재개발구역 ::

이 조합은 청산 후 조합원들에게 이익을 배분하고 예비비도 확보해 둔 곳이다. 이렇게 이익 배분이 가능했던 건 분양이 잘되던 시절에 사업성이 좋은 조건을 가진 구역이었다는 게 가장 큰 이유일 것이다. 하지만 조합 집행부가 노력했던 일들은 사소한 부분들이지만 들어 볼 만한 이야기였다.

이 구역은 조합설립 후 가계약을 했는데, 조합 측에서는 본계약 시점이 다가올 무렵 시공사에 계약 예정일 약 3개월 전에 본계약서를 가지고 올 것을 요청했다. 검토할 시간을 충분히 확보하기 위해서였다. 하지만 시공사는 계약서를 계약 예정일 15일 전에야 가져왔다.

"대체적으로 시공사와 좋은 관계였지만 그때는 제가 시공사 직원에게 듣기 싫은 소리를 좀 했습니다. 어쨌든 변호사와 법무사 자문을 받아 계약서 검토를 진행했습니다."

조합장의 설명이다. 공사비와 관련해서는 전문가 의견을 듣기 위해 다른 설계회사에 검토를 맡겼다.

"전문가 의견은 우리 구역과 상관없는 사람들의 의견을 들어야 한다고 생각했습니다. 가격을 받아 밀고 나갈 값을 결정했습니다. 협상이 시작되자 서로 줄다리기를 했습니다. 결과적으로 서로 양보했다고 생각합니다."

섣부른 판단

시공사와는 이후에도 좋은 관계를 유지했고 2개월 정도 공사기간을 단축하는 성과를 얻었다. 시공사도 그 부분을 자랑으로 생각한다고 했다.

시공사가 아닌 기타 용역업체들과의 계약에 대해서는 정비업체에 대한 아쉬움을 이야기했다. 추진위 단계에서 정비업체가 결정되었는데 싼값으로 입찰을 했고 계약이 되었다. 하지만 2차 계약 때 값을 많이 올려 달라고 했다. 이런저런 일들은 있었지만 결국 사업비를 절약해 배당금을 만든 과정을 설명해 주었다.

"감리 등 여러 관련 회사들의 용역비에 대해서도 꼭 깎고 보자는 것은 아니었지만 제가 할 수 있는 한 신경을 썼습니다. 이런 노력이 별것 아닌 것 같지만 모이고 모여서 큰돈이 되더군요. 저희 구역은 30억 원 정도의 예비비를 한 푼도 쓰지 않았고 거기다가 관리비를 절약한 것, 각종 단가 절약한 것, 이 세 가지로 사업이 끝나고 조합원들에게 배당금을 주었습니다. 회계감사와 의논하고 세금 낸 후 정리하니 조합원당 4,000만 원 정도 돌아갔고, 44평형은 더 많이 돌아갔습니다. 2012년 2월에 청산했지만 아직 일부 예치해 둔 돈이 있습니다. 세무사가 세금

관계에서 예상치 못한 문제가 생길 수도 있다고 했습니다. 국세청의 관점은 다를 수 있으니까 모두 다 청산해 버리면 문제가 생겼을 경우 세금 낼 돈이 없을 수 있다고 하더군요. 그래서 청산 후 5년까지는 일정량의 자금을 공동명의로 예치해 두라고 했습니다. 임원들 5명 공동명의로 돈을 예치해 두었고, 이에 대해 조합원들께 공문을 발송했습니다."

조합장은 다른 조합에서 배분금에 대해 이해가 안 된다는 말을 자주 들었다.

"어떻게 돈이 남을 수 있냐고 해요. 하지만 적게 쓰고 안 쓰고 하니 가능하더군요. 처음에는 조합도 사업에 대한 정확한 계산이 없었기 때문에 굉장히 절약하다가 우리 사업이 조금 여유가 있다는 계산이 나온 후로는 허리를 조금 펴고 살았습니다."

사업비 절약에 신경을 쓰다 보니 조합 스스로 사업성을 향상시킬 수 있는 기회를 하나 놓친 것 같다고 아쉬워했다. 바로 동사무소와 관련된 판단이었다.

"구청에서 구역 내에 있었던 동사무소를 다른 지역으로 옮기고 싶어 했습니다. 그래서 토지 값으로 조합에 10억 원을 요구했습니다. 당시는 추진위 단계라 주민들이 가진 돈도 없고, 10억 원이라는 금액이 크게 느껴졌습니다. 조합이 팔지 않겠다고 결정하자 구청은 동사무소를 이전할 자리로 생각하던 땅에 소방서를 지었고, 동사무소 토지 매각은 없던 이야기가 되었습니다. 하지만 그 땅을 팔았으면 아파트 한 동을 더 지을 수 있었을 겁니다. 지금 생각하면 대출을 받았을 수도 있었을 텐데 초기에는 10억 원이 큰돈으로 느껴졌고 그런 생각을 못했습니다."

조합 집행부가 사업비 절약을 하면서 때로는 과감한 선택까지 할 수 있다는 게 얼마나 어려운 일인지 새삼 느낄 수 있는 사례다.

가난한 집주인들에 대한
여러 의견들

:: 은평구 불광제6재개발구역 외 4개 구역 ::

    은평구 불광6구역은 예전에 독박골로 불리던 지역이다. 이곳은 예전에는 가난한 사람들과 사업에 실패한 사람들이 정착하는 외딴 동네였다. 공장 아래쪽으로는 벌집 같은 집들이 있었다. 1980년대 구기터널이 뚫린 후 교통이 편리해지면서 여유가 있는 사람들이 공기가 좋다며 하나둘씩 정착하기 시작했다. 1990년대에는 300~400평의 대지 소유자가 생기기 시작했다. 하지만 조합원들 중 대다수는 가난한 사람들이었다.

    재개발 과정에서 가난한 집주인들의 생각과 판단을 지켜본 조합장은 자신의 역할이 한정되어 있다는 데 대해 안타까운 마음을 이야기했다.

    "빈곤이 악순환되는 걸 지켜보는 건 안타까운 일이었습니다. 제가 할 수 있는 일이라고는 집을 팔 수 있는 시점, 타이밍을 알려 주는 일밖에 없었습니다. 이런 말하기는 그렇지만, 가난한 분들은 대부분 이자 계산을 하고 재정 플랜 짜는 걸 아예 하려고 하지 않아요. 흔히 던져 버린다는 표현을 쓰는데, 너무 쉽게 부동산 업자들에게 던져 버리고 얼마 받을 수 있는지 궁금해하는 걸 보니 안타까웠습니다."

물론 어떻게 하건 재입주가 불가능한 사람들이 있었지만, 일부는 아파트를 소유할 수 있는 가능성이 많은데도 자신의 기회를 포기하더라는 것이다. 상당수 저소득층 조합원들이 주변 빌라로 이사를 갔는데 그 중에는 입주 아파트를 포기할 필요가 없는 사람들도 있었다.

"3년 전 아파트 가격이 지금 전세 가격과 거의 같아요. 남들은 투기도 하는데, 이런 분들은 아파트로 입주도 못하고 재산 증식의 기회도 놓친 것 같아 사업을 추진했던 입장에서 안타깝습니다."

금융 플랜에 관한 교육을 공공이 지원해 주어서 저소득층 토지등 소유자들이 판단할 때 도움을 주는 것도 하나의 대안이 될 수 있을 듯하다.

한편 성북구 길음8구역조합에서는 조금 다른 측면에서 가난한 집 주인들이 아파트에 입주하지 않는 이유를 설명했다. 길음8구역의 경우는 원주민의 재정착률이 20퍼센트 정도밖에 안 되는 것 같다고 한다.

"재정착률이 높으면 좋지만 현실적으로 주민들이 다시 돌아오지 않는 데에는 여러 이유들이 있는 것 같습니다. 분담금을 낼 형편이 못 되는 이유도 있지만, 서민들 중에는 재개발로 생긴 자금을 생계를 유지하는 데 사용하고자 하는 분들이 많습니다. 평생 만져 보았던 돈 중에서 제일 큰 돈인 경우도 있고, 그 돈으로 재투자를 해서 수입원을 만들려고 하기도 합니다. 공사기간이 길다는 것도 중요한 이유입니다. 약 3년의 공사기간 동안 다른 곳으로 이주해서 살다 보면 그곳에 적응해서 다시 돌아오지 않는 경우도 많습니다."

중랑구 면목2주택재건축구역의 조합장에게도 가난한 집주인들에 대한 생각을 물었다.

"이분들은 조합원이긴 하지만 거의 기초생활수급자, 차상위계층에 해당하는 생활여건을 가진 분들입니다. 그런데 이런 가난한 조합원들이 오히려 큰 평수로 들어가야 하는 게 현실입니다."

면목2주택재건축구역은 전용면적 59제곱미터 아파트 조합원 분양분이 43개가 있었는데 신청자는 53명이었다. 10명이 원하는 소형아파트를 배정받을 수 없었다. 이렇게 경합이 있을 경우에는 법적으로 우선순위는 권리가액이 높은 사람이 우선권을 갖게 되어, 오히려 가난한 집주인이 큰 평형대를 신청해야만 하는 아이러니한 상황이 발생하게 된다.

"상대적으로 더 여유 있는 분들이 전용면적이 더 작은 아파트를 배정 받았고, 상대적으로 여유가 없는 분들이 큰 평형대를 신청하게 되었습니다. 무언가 해결책이 있었으면 합니다."

재개발·재건축의 목적을 생각하면 이에 대한 고민을 공공이 꼭 해야 할 부분이 아닌가 한다.

성북구 정릉·길음9구역 조합장은 또 다른 의견을 말해 주었다.

"언론에서는 기존 주민늘이 쫓겨닌디는 측면만 강조되지만 그것이 전부는 아닙니다. 저는 이주에 대해 부정적 시각만 가질 필요는 없다고 생각합니다. 우리 구역의 경우는 노후한 주택을 가지고 있던 주민들이 길 건너 양호한 주택지로 많이 이주했습니다. 같은 생활권이지만 우리 구역보다 훨씬 주거환경이 좋은 지역이었습니다. 사업과정에서 주택가치가 상승해 주민의 약 60퍼센트가 주택을 팔고 환경이 양호한 이웃 동네로 이주했는데, 대부분 재산이 증가한 데 만족하고 있습니다."

사업성이 좋던 시절의 이야기지만 저소득층 소유자들의 이주에 대한 다양한 의견 중 하나일 것이다.

아파트에 입주할 수 있는 가능성이 낮은 주민들에 대한 대안은 무엇일까? 현재 서울시 「도시및주거환경정비법」 조례에는 저소득층 조합원이 임대주택에 들어갈 수 있는 기회를 제공하고 있다.[19] '해당 정비구역 안의 주택을 공급받을 자격을 가진 분양대상 토지등소유자로서 분양신청을 포기한 자'는 임대주택 공급대상자가 된다. 하지만 집주인이었던 사람은 임대주택을 선호하지 않는 게 현실이다. 설령 임대아파트에 살기로 선택했다고 해도 일하는 곳과의 거리가 문제가 되기도 한다.

행당5구역 조합장은 임대아파트에 권리가액이 낮은 조합원들이 들어갈 수 있도록 노력했고, 몇 사람은 실제로 다른 지역에 있는 임대아파트로 입주했다고 한다. 하지만 그 사람들 중 한 사람은 임대아파트가 너무 변두리라 다시 성동구에 있는 반지하로 이사를 왔다.

"임대아파트는 한 번 입주를 포기하면 나중에 들어가고 싶어도 다시는 들어갈 수 없어요. 그런 점을 알고도 일하는 곳과 가까운 이곳으로 다시 이사를 온 겁니다."

구청에서 오랫동안 재개발 업무를 담당한 공무원은 영세 조합원들

---

19) 「도시및주거환경정비법 시행령」 54조의3 소규모 토지등의소유자에 대한 토지임대부 분양주택 공급. 서울시 「도정법 조례」 35조 주택재개발 사업의 임대주택 공급 대상자 등. 자세한 사항은 SH 홈페이지 참고.

중 분양을 포기하고 임대주택을 선택하는 주민들이 앞으로는 생길 수 있다고 말했다.

"그동안 조합원분양가가 일반분양가보다 낮았기 때문에 자금이 부족하더라도 이 기회를 포기하지 않았습니다. 자금을 융통한 후 아파트를 되파는 것이 나은 선택일 수 있었습니다. 지금은 구역 내 부동산 가격이나 구역 외 가격이나 큰 차이가 없습니다. 또한 조합원분양가와 일반분양가의 차이가 크지 않은 상황이 되면 조합원 중 임대주택을 선택하는 분들이 나올 겁니다. 재개발임대주택 입주 권리는 사업시행인가 시점에 결정되는데, 영세한 조합원의 입장에서 이때 주택을 처분하고 무주택자가 되기를 결정하는 게 부담스러울 겁니다. 사업기간이 길어지면 사업시행인가 후 몇 년이 지난 후 임대아파트에 들어갈 수도 있습니다. 임대아파트 자격요건을 유지하기 힘들고 구청에서도 자격요건을 관리하기 힘든 점이 있습니다."

현실에서 임대주택 입주를 결정하지 못하는 또 다른 이유인 먼 거리 단지로의 입주 문제에 대한 의견도 들어 보았다.

"임대주택 입주민들에게는 입주 후 다른 지역으로 이주를 할 수 있는 기회를 한 번 주고 있습니다. 원래 살던 지역 근처의 임대주택으로 이주하면 좋지만, 그렇지 못한 경우는 일단 먼 지역이라도 이주를 했다가 자신들이 살던 지역에 임대아파트가 나오면 이주를 할 수 있습니다. 혹은 이주 후 인근에서 거주하면서 임대주택이 나오기를 대기하는 분들이 있는데, 두 경우 모두 신청할 때 우선순위를 결정하는 게 쉽지 않을 것 같습니다. 재개발 임대주택의 입주자격과 자격관리에 대한 체계적인 고민이 필요한 시점입니다."

여러 조합과 구청에서 들려준 다양한 의견들은 가난한 조합원들을 위한 개선책을 만들 때 모두 참고할 수 있는 현실들이다.

임대아파트 단지 조성 문제

조합은 임대아파트에 대해 어떤 생각들을 가지고 있을까? 행당5구역 조합장은 임대아파트에 대한 의견을 이렇게 말했다.

"제 개인적인 생각은 재개발 구역 안에 임대아파트를 짓는 것보다 각 구역에서 임대아파트 건립에 해당하는 돈을 공공이 받은 후에 그 돈들을 모아서 공공에서 생활권이 좋은 곳에 임대주택 단지를 짓는 건 어떨까 합니다. 저소득층일수록 도심에서 가까운 곳에 일자리가 많기 때문에 멀리 벗어나려고 하지 않습니다."

임대아파트 동에 사는 사람들을 많이 접해 본 조합장은 임대아파트 주민들의 애로점에 대해서도 다음과 같이 설명했다.

"저는 임대아파트에 사는 사람들에게 차별 스트레스를 주고 싶지 않습니다. 우리 아파트는 일반과 임대아파트의 동 이름을 구분 짓지 않았습니다. 101동부터 시작해서 110동으로 끝나는데 110동이 임대아파트입니다. 어떤 곳은 일반아파트는 100단위, 즉 110동, 120동으로 붙여 주고 임대아파트는 1,000단위로 구분하여 1,100동으로 구분하기도 합니다. 또 어떤 곳은 000아파트 1차는 일반, 2차는 임대아파트로 구분하기도 합니다. 저는 임대아파트라는 명칭을 아파트 안내 표지판에도 쓰지 않았습니다. 그냥 110동입니다. 돈이 없는 것뿐이지 사람이 임대는 아니라고 했습니다. 살다가 분양받는 임대아파트에 전세로 사는 분들은 능력이 있는 사람들이라고 볼 수 있으니 같이 섞여서 살아도 됩니다. 하지만 임대아파트는 그렇지 않습니다. 이런 말을 하면 임대아파트가 자신의 아파트 단지에 있는 게 싫어서 그런다고 대부분의 사람들은 오해할지 모르겠지만 그런 차원은 아닙니다. 그 사람들의 입장에서 말하는 겁니다. 차라리 재개발 임대아파트 단지가 있으면 자신이 사는 아파트 단지에서는 스트레스를 받지 않을 거 같아요."

일정 건립 세대 수 이상이면 재개발 사업이 있는 곳마다 예외 없이 임대아파트를 지을 것이 아니라, 변두리가 아닌 지역 중 적당한 곳에 재개발 임대주택 단지를 만들어 보는 시도를 고려해 볼 필요가 있어 보인다. 임대주택에 사는 사람들의 의견을 수렴해 보아야 할 문제다.

:: 공공의 지원 ::

　이 장에는 이주과정 중에 공공이 지원한 내용들을 모았다. 예전과 다르게 공공에서 새롭게 해 준 지원으로는 사업기간 동안 이주할 집을 찾는 주민들을 위해 구청에서 도움을 준 것이다. 이 사례는 이후 다른 구역에서도 적용되고 있다. 저소득층에게 청약과정을 교육해 주거나 철거하는 단지의 폐보일러를 활용하는 일도 모두 참신한 아이디어들이다.

　공공이 관여하기 어려운 관리처분계획 단계에서 조합들에게 올바른 정보를 제공하고자 판례들을 같이 공유하는 간담회를 구청이 지원하고, 토론회를 개최하여 바뀌는 주택 패러다임에 대해 주민들의 이해를 돕고자 한 사례도 소개한다.

구청에서 집 찾아 드립니다

:: 강동구 고덕시영아파트재건축구역 ::

주민들이 살 집을 찾아 주는 일을 구청이 도와준다는 건 전에는 생각하지 못하던 일임에 틀림없다. 재건축 사업기간 동안 조합원들이 거주할 집을 구하거나 세입자들이 이주할 집을 구하는 건 개인들이 해결해야 하는 문제였다. 재건축 사업에서 이사 갈 집을 구한다는 건 사실 큰 문제다. 한두 집이 이사를 가는 것도 아니고 한꺼번에 몇 백 세대에서 몇 천 세대가 이사를 가기 때문이다.

강동구 고덕시영아파트는 총 2,500세대의 대규모 단지였다. 2012년 봄에 이주를 시작했는데 한마디로 한 동네 전체가 이사를 가야 했다. 생활하던 지역을 옮기기가 힘든 주민들은 가능한 한 주변으로 옮기기 원하기 때문에 주변 지역의 전세 가격이 오르는 등 사회적으로 문제가 되기도 한다. 그간 주거환경을 개선하는 과정에서 발생하는 어쩔 수 없는 일이라 치부하던 문제를 강동구청은 머리를 맞대고 고민하여 다른 지역에서도 참고할 만한 좋은 방법을 만들어 냈다.

| 현장 위치.

아파트 단지 안에 있는 고덕1동 주민센터 1층에서 이사 갈 집을 찾아 주는 서비스를 시작한 것이다. '전월세 민원 상담창구'를 개설한 후, 먼저 구 홈페이지, 강동구 소식지, 반상회보 등을 통해 주민들에게 홍보해 주민센터 안에 있는 상담창구를 많이 이용할 수 있도록 했다. 상담인력은 구청 직원과 공인중개사 그리고 우리은행 직원이 한 팀으로 구성되었다. 구청에서는 부동산정보과 직원들, 한국공인중개사협회 강동구지회 34명, 강동구 내 우리은행 14개 영업점에 근무하는 14명이 순환근무를 했다. 우리은행 상담위원은 부지점장과 차장 등이 주를 이루었는데 5일에서 10일 정도씩 근무했다. 한국공인중개사협회 강동구지회 상담위원들은 주로 오전, 오후로 나누어 하루에 두 명이 상담을

진행했다. 이렇게 2월 1일부터 6월 14일까지 주말과 휴일을 제외하고 는 매일 상담이 진행되었다.

상담내용은 크게 세 가지로 분류할 수 있다. 첫째는 전월세 물건 안 내, 둘째는 자금 대출, 셋째는 불법 중개행위 신고 접수였다. 전월세 물 건 안내를 위해 강동, 송파, 남양주, 구리, 하남, 광주 등 인접 중개업협 회와 정보 공유로 전세 물건을 확보했다. 동시에 전월세 시세도 구 홈 페이지에 게시하여 실시간 검색이 가능하도록 했다. 전월세 물건을 안 내하고 전세자금 대출 등을 한 장소에서 진행했는데, 시간이 부족한 주 민들의 호응이 좋았다.

전월세 민원 상담은 445건이었는데 물건 정보 안내와 이사와 계약 등에 대한 민원 등이었다. 전세자금 대출 상담 실적은 총 711건으로, 이 중 저소득 전세자금 대출 상담이 가장 많았고, 그다음으로 자영업자 나 무소득자 서민 전세자금 대출 상담이 많았다. 근로자들에 비해 대출 상담 기회를 제공받지 못했던 분들이 혜택을 받은 것이다. 독거노인이 나 저소득층에게는 전셋값에 맞는 집을 찾아 주고 연 2퍼센트의 저금 리 대출 지원을 안내했다. 또한 강동구 지역 전체의 전셋값이 상승하 지 않도록 사전에 방지하고자 노력했고, 불법 중개행위 신고센터도 설 치해 전셋값을 부풀리거나 가격을 담합하거나 혹은 이사비용이나 중 개수수료 문제 등이 생기지 않도록 했다.

상담센터 운영 4개월 반 만에 주민들의 85퍼센트에 해당하는 2,128 세대가 이주했으니 상당히 성공했다고 볼 수 있다. 강동구청 담당자는 상담창구에 대해 이렇게 평가했다.

"재건축 사업이 원활히 진행되도록 하기 위해 주민들이 빨리 이주

| 전·월세 민원 상담창구 개설을 알리는 플래카드.

할 수 있도록 속도만을 강조한 상담이라고 생각하기 쉽지만, 오히려 주민들이 원하는 주거지를 찾아 주는 진정한 의미의 상담이 되었다고 생각합니다."

　한 주민은 사고를 당하고도 장애 판정을 받을 수 있다는 걸 모르고 지내다 이주를 앞두고 상담창구를 방문하게 되었다. 이 주민은 상담을 통해 자신이 장애등급 판정이 가능하다는 것과 장애인가구 대출우대 제도가 있다는 것을 알게 되었다. 바로 옆 창구로 가서 장애등급 신청 안내를 받고 장애 판정을 받았다. 장애 판정을 받으면 대출 가능 금액의 130퍼센트를 받을 수 있기 때문에 많은 도움이 되었다.

　70세 동갑내기 노부부는 5,500만 원의 전세금으로 이사할 집을 구

| 구청 직원, 중개사, 은행원이 한 팀이 되어 상담을 하는 모습.

하지 못해 고민하던 중 상담창구를 방문하게 되었다. 상담과정에서 상담위원들은 노부부가 원하는 집은 현재 살고 있는 지역 주변이 아니어도 상관없다는 것을 알게 되었다. 교통이 편리하고 공기가 좋은 곳이면 괜찮다고 해 남양주 화도읍에 계약을 하게 되었는데, 지하철역과 가깝고 노년기를 보내기에 좋다며 매우 만족했다고 한다.

또 한 주민은 6,000만 원으로 인근에 방 3칸 전셋집을 구하길 원하고 있었다. 적당한 집을 못 찾던 중 '생애최초주택마련대출'을 받을 수 있다는 것을 알게 되었다. 이 대출을 활용해 태어나 처음으로 자신의 집을 장만하게 되었다며 매우 좋아했다.

부모님을 모시고 살던 또 다른 주민은 인근 지역으로 이사를 하고

자 했다. 상담창구의 도움을 받아 하남 지역에 있는 집을 계약해 부모님과 넓은 곳에서 살게 되었다며 고마움을 전했다.

상담창구 운영은 이후 여러 매체에도 소개되고 상도 받는 등 성공적인 행정으로 평가받았다. 강동구는 주민들의 만족도가 높아 다른 구역에서도 이 서비스를 지속적으로 진행할 계획이다.

보일러 바꿔 드립니다

:: 송파구 가락시영아파트재건축구역 ::

송파구 가락시영아파트는 134개 동 6,601세대의 국내 최대의 대규모 아파트 단지로, 2013년 재건축을 위해 빈집들이 생기기 시작했다.[20] 빈집에는 자세히 살펴보면 버리기 아까운 것들이 많다. 그 중 하나가 보일러다. 가락시영아파트는 도시가스 개별난방 방식이라 폐기처분되는 보일러가 많았다. 이 점을 보고 구청 담당이 재활용이 가능한 보일러를 활용하는 아이디어를 생각해 내었다. 민·관 협동으로 재활용이 가능한 보일러를 수거해 관내 저소득가정에 설치해 주기로 했다. 처음에는 저소득층에게 보일러를 수거해 갈 수 있다고 알렸으나 주민들의 호응이 높지 않았다. 그래서 수거에서 설치까지 구청이 해 주기로 결정했다.

하지만 막상 보일러를 조사해 보니 재활용이 가능한 게 많지 않아

---

20) 2013년 10월 현재 철거는 시작하지 않았다.

설치한 지 2년에서 3년 이내인 것만 수거하기로 했다. 가스보일러는 자격증이 있는 사람이 설치해야 하기 때문에 전문가가 수거에 참여해야만 했다. 평소에도 한국열관리시공협회 송파구회 직원들이 사회복지과와 함께 봉사활동을 하고 있다는 것을 알게 돼 한국열관리시공협회 송파구회에 도움을 요청한 후, 구청 공무원들이 자원봉사로 참석하기 위해 토요일에 행사를 진행했다.

"한국열관리시공협회 송파구회 직원들이 재능기부를 하고 기본 장비도 제공했습니다. 그 뿐만 아니라 배기관 및 설비 자재, 기타 소모품 등을 고맙게도 제공해 주었죠. 실비로 30만 원 정도만 지급했으니 정말 많은 도움을 주셨어요. 송파구 주거정비과 직원 두 명과 한국열관리시공협회 송파구회 직원 한 명으로 세 명이 짝을 이루어 자원봉사를 했습니다. 보일러 설치 후에는 집주인들에게 사용법도 상세히 설명해 주었습니다. 송파구 내 기초생활수급자 16세대가 혜택을 받았어요."

보일러와 함께 책도 수거하는 행사를 진행했는데 조합이 거둔 책을 자치행정과와 가락1동사무소에서 수거했다. 하지만 보일러에 비해 책을 원하는 곳은 많지 않았다. 반면 행사를 통해 좋은 옷이 많이 나온다

는 것을 알게 되었다.

　"구청은 앞으로 정비사업이 있는 곳에서는 보일러와 옷, 책 등을 함께 수거하는 행정을 계획하고 있습니다."

　구청의 아이디어로 자원 활용, 저소득층 지원, 구청과 주민들의 교류 등 일석삼조의 효과를 보고 있었다.

찾아가는
주택청약 상담교실

:: 송파구 ::

　송파구는 구민들 중 주택이 필요한 사람들이 복잡한 주택청약제도 때문에 좋은 기회를 놓치는 것을 보고 2009년부터 '찾아가는 주택청약 상담교실'을 운영하고 있다.

　상담교실의 시작은 거여동이었다. 거여·마천 재정비촉진지구는 흔히 말하는 뉴타운지역이다. 재개발 사업을 하면 주민들이 살던 동네를 떠나야 하는 경우가 많은데, 다행히 거여·마천 촉진지구 옆에는 마천국민임대주택이 들어서서 무주택자들인 세입자들이 입주할 수 있는 좋은 상황이었다. 하지만 대부분의 저소득층 무주택자들이 자신이 받을 수 있는 혜택이 무엇인지 잘 몰라 좋은 기회를 놓치는 경우가 많았다. 상담교실을 주관하고 있는 주거정비과 담당자는 그동안의 성과에 대해 설명해 주었다.

　"거여동과 마천동을 중심으로 약 7회에 걸쳐 주민센터에서 진행했는데 1,026명이 상담을 했습니다. 순회 상담교실 외에도 상담전용 전화를 개설해 상담 요원들이 전화로도 상담을 해 드렸습니다. 상담 요원들은 자체 교육을 한 후 배치되었죠. 또 주택청약 안내책자인『내 집 마련 길잡이 주택청약 안내서』 2,500부를 발간했습니다. 인터넷 청약 상담 코너에서도 질의응답을 했고 사업시행자 관련 기관 홈페이지도 링크해 안내했습니다. 보금자리주택, 시프트Shift, 국민임대, 영구임대 등 무엇이 나에게 맞는지 파악하기가 쉽지 않습니다. 거여·마천 재정비촉진지구의 경우 전체 세입자는 1만 457세대이나 계획된 임대주택은 1,702호에 불과합니다. 국민임대주택은 무주택자라면 청약저축에 가입하지 않았더라도 소득이 전년도 도시근로가구 월평균소득 70퍼센트 이하면, 거주하고 있는 자치구에서 1순위 자격을 받을 수 있습니다. 그렇기 때문에 송파구의 국민임대주택에 재정착할 수 있는 가능성이 높아지는 겁니다."

이후 마천국민임대주택 539세대 중 거여·마천 지역 세입자가 106세대 입주했다. 이는 20퍼센트 정도 비율로, 인근 동네에서 재정착하는 비율로는 상당히 높은 편이라고 볼 수 있다. 구청은 교육을 통해 마천동 주민들이 기존 생활권인 마천동으로 재정착한 비율이 높게 나온 결과를 얻었다 생각한다.

"주민들의 입장에서는 생활권이 바뀌지 않고 이주할 수 있어 좋고, 사업을 진행하는 측면에서는 주거이전비를 절감할 수 있는 장점도 있습니다. 재개발이 진행되면 사업을 추진할 때 세입자들에게 주거이전비를 주어야 하는데 대략적으로 106세대를 1인 가구로 계산해 볼 경우 12억 원 정도에 해당합니다. 이분들의 입장에서는 임대아파트를 얻을 수 있어 좋고, 사업을 하는 분들에게는 사업비 절감 효과가 있는 거죠."

| 대규모로 열린 청약 관련 주민설명회.

　　구청 담당자의 설명이다. 이런 이유로 구청은 사업시행자별 입주자 모집공고 이전에 청약 상담교실을 운영해 세입자들을 도왔다. 이후 마천국민임대주택뿐만 아니라 인근 위례신도시나 하남 감일, 감북 보금자리주택 청약 일정에 맞추어 찾아가는 주택청약 상담교실을 개최했는데 위례 신도시 내 주택공급 청약에 대해 하남개발공사 등과 협조해 진행했다. 2013년 4월 25일 진행한 설명회에는 1,200여 명의 구민들이 참석하는 등 호응이 높았다.

　　구청은 한발 더 나아가 저소득층 다문화가족의 주거안정을 위해 다문화가족을 대상으로 임대주택 청약 설명회를 개최해 도움을 주었다. 구청 담당자는 설명회의 필요성에 대해 다음과 같이 말했다.

| 순회하면서 열린 주택청약 상담교실.

　"저소득층이 사는 지역에는 부인이 베트남 사람이거나 필리핀 출신
이 많습니다. 그분들은 남편들보다 상대적으로 학력수준이 높습니다.
남편들은 생계 때문에 설명회를 진행해도 참석할 수가 없고 관심이 없
는 경우가 많습니다. 부인들이 자격요건 등 내용을 정확히 알고 자신
들의 주거 대책을 챙길 수 있도록 돕고자 하는 겁니다."

　설명회에는 베트남인 18명, 중국인 36명, 일본인 10명, 필리핀인 4
명, 알제리인 1명, 배우자와 시부모 23명 등 약 92명이 참석했다. 지역
내 다문화 비율은 중국이 가장 높으나 대부분 조선족으로 의사소통이
가능해, 중국 다음으로 비율이 높은 베트남어로 설명회를 진행했고 베
트남어를 제외한 중국어, 일본어, 영어 번역 안내문을 배포했다.

"국민임대주택이나 장기전세주택이 무엇인지 소개하고 입주자격이나 임대조건, 신청방법 등을 안내했습니다. 언어 때문에 정보에서 소외되는 계층들을 배려한 것입니다. 우리나라의 저소득층의 구조가 빠르게 변화되고 있고, 그런 저소득층을 구청에서 적극적이고 실질적으로 지원해 주는 기회였다고 생각합니다."

재건축 간담회와 공감 共感
토론회를 열다

:: 강동구청 ::

2012년에 강동구 고덕지구아파트 재건축단지들은 대부분 사업 초
기 단계에서 벗어나 관리처분계획인가 단계에 진입했는데, 부동산 경
기 침체와 미분양 리스크 증대로 여러 단지들의 사업 추진이 지연되
고 있었다.

관리처분계획단계는 분담금과 입주 평형이 확정되고 조합원의 권
리가 결정되는 단계로, 조합원 권익 보호가 절실히 요구되는 시점이며
직접적인 이해관계가 발생해 민원이 폭주하는 시기다. 하지만 조합 내
부에서 모든 절차가 이루어지므로 구청 입장에서는 행정 지원이 어려
운 문제가 있다. 또 법령 해석의 차이로 사업 추진이 지연되기도 하고,
조합이 법령 등에서 제시한 내용 등을 임의로 해석해 잘못된 사례를 답
습하여 착오를 겪기도 한다. 간담회를 준비했던 구청 담당자의 말이다.

"당시 강동구에서 사업이 가장 빨랐던 고덕시영아파트 관리처분계
획이 문제점을 노출하게 된 게 재건축 간담회를 하게 된 직접적인 계

241

기가 되었습니다. 조합원 권익침해가 다른 구역에서도 발생할 가능성이 있다고 보고 사전에 관리처분계획 과정을 구청이 보다 더 적극적으로 관리할 필요성을 느끼게 된 겁니다. 재건축 조합 간에 공식적인 소통 기회가 없어서 유사한 시행착오가 반복될 가능성도 많았고요. 또 구청 입장에서는 조합이나 정비업체의 전문성이 부족한 부분이 우려되기도 했습니다."

간담회는 관리처분계획이 인가되지 않은 10개 구역의 조합장과 구역별 임원 3명씩 30명, 정비업체, 과장 이하 구청 담당자가 참석했다. 관리처분계획 분야를 집중 지원했는데 일단 현안 사항을 듣는 것부터 시작하여 관리처분계획 분야의 최신 판례 등을 공유했다.

이와는 조금 다른 성격의 토론회도 구청에서 마련했는데, 이는 조합원들을 위한 것이었다.

"재건축 사업의 전반적인 상황은 좋아지지 않고 있는데 조합과 시공사가 해결책 마련에 힘쓰기보다는 각자의 유리한 입장만 고수하고 있었습니다. 사업이 지체될수록 사업비가 증가해 조합원의 재정 부담이 커지고 민원이 발생할 가능성이 커지고 있었죠. 강동구는 주민들과 함께 보다 근본적인 주제들에 대해 토론하는 자리가 필요하다고 판단해 '공감共感'이라는 타이틀을 달고 토론회를 마련했습니다."

재건축 사업의 제반 여건은 변화하는데 조합원들의 눈높이는 변화하지 않는 문제점을 해소하자고 하는 의도도 포함되었다. 조합원들의 이해와 공감대를 형성하는 게 우선이었고, 나아가 현안을 진단하고 해결 방안들을 전문가들과 함께 생각해 보는 자리를 마련하고자 한 것이다.

조합원들을 대상으로 열린 2012년 9월 토론회에서는 주택 패러다

임 전환의 필요성부터 사업의 각 주체들이 변해야 하는 부분, 제도의 개선 제안들까지 다양한 논의들이 있었다. 주택의 패러다임 전환은 집이 투자에서 주거로 전환되어야 한다는 것이었다. 또한 사회변화로 인한 주택수요 감소 등에 대해서도 함께 생각해 보았다. 공공에게 요구하는 정책적 지원내용과 개선되었으면 하는 불합리한 제도 등도 터놓고 함께 이야기했다. 조합에 대해서는 조합의 전문성 강화와 사업비 절감 노력 등이 요구되었다. 구청에 대해서는 공공의 중재자 역할 강화가 요구되었다. 이후 조합들의 의견수렴 결과 토론회를 확대해 실시해 달라는 요구가 있어 11월에 다시 한 번 더 진행하게 되었다. 이때 고덕지구 재건축 조합원 및 부동산중개업소 관계자 등 500여 명이 참석했다.

토론회는 주택시장의 가격이나 거래량 변화, 향후 전망으로 시작하여 도시재생사업에 대한 이해와 제도적 문제점과 갈등해소방안 등이 논의되었다. 이외에도 조합 임원과 조합원을 위한 교육과 갈등 해소를 위한 소통의 장 마련 방안, 조합원 스스로 주인의식을 가질 것 등 많은 주제들이 이야기되었다.

사업관계자들의
생생한 육성

: : 서로의 입장 들어 보기 : :

마지막으로 재개발·재건축 사업과 관련된 여러 주체와 관련자들의 이야기들을 들어 보았다. 서로의 이야기를 들어 보는 것은 서로를 잘 이해할 수 있는 첫 번째 방법이며, 함께 사업을 하는 주체들에게도 도움이 될 것이다. 나아가 많은 생각들이 모여서 합리적인 대안도 만들어질 수 있다.

누구나 자신이 속한 집단의 이익을 중요시하고 집단의 입장에서 바라보는 게 당연하다. 이런 한계에도 불구하고 서로의 입장을 들어보는 것은 서로를 이해하기 위한 첫걸음일 것이다. 시공사, 도시계획가, 심의위원, 서울시 공무원, 건축가, 구청 공무원, 공인회계사, 마지막으로 비대위의 생생한 육성을 실었다.

각 주체들의 이야기는 여건상 대부분 한 사람의 이야기밖에 들을 수 없었지만, 자신이 속한 집단의 고민과 경험을 들려주기에는 모자람이 없었다고 생각한다.

전문가 집단과 비전문가 집단의
힘의 불균형

정비사업을 잘하려면 정비사업의 중요한 주체이자, 함께 사업을 하는 다른 주체들로부터 지탄의 대상이 되고 있는 시공사의 이야기를 들어 보는 것이 필요하다. 모든 조합이 부패한 게 아니듯 모든 측면에서 시공사가 문제가 있는 게 아닐 테고, 시공사의 눈으로 본 정비사업에 대한 이야기는 여러 측면에서 의미가 있을 것이다.

우선 시공사에 대한 가장 큰 불만 중 하나인 시공사가 정비사업 과정에서 제일 많은 이익을 본다는 것과 사업을 좌지우지한다는 의견에 대한 이야기부터 들어 보았다.

"시공사는 공사를 해 주고 돈을 받는 곳입니다. 사업의 추진 주체가 있는데 시공사가 사업 전반에 관여할 필요도, 손해를 떠안을 필요도 없죠. 현실이 그렇지 못한 건 현 정비사업의 시스템 문제라고 생각합니다. 고양이 앞에 생선 두고 먹지 말라고 하는 것보다는 대안을 만드는 게 좋겠지요."

이 시공사 직원은 현재의 발주방식을 바꾸는 게 필요하다고 말했다.

"민간 주도를 최소화해야 된다고 봅니다. 공공발주를 하는 것도 한 방법이라고 생각합니다. 수천억 원의 공사를 한 조합이 책임지기 쉽지 않습니다. 시공사가 양심적인 집단도 아니고, 사회적 기업도 이익을 볼 수 있는 부분에서는 이익을 보려고 하는 법입니다. 상대가 자신보다 허술하면 이익을 보려고 하는 건 어느 기업이나 마찬가지라고 생각합니다. 공공관리는 사업에 대한 책임제가 아닌 지원제입니다. 재개발 사업기간이 평균 10년 정도인데, 다른 사업이라고 하더라도 10년이라는 기간은 민간이 하기에는 긴 편에 속합니다. 이런 사업을 동네에서 쌀집을 하던 분이 한다고 생각해 보세요. 그분들을 무시하는 게 아니라, 10년이라는 긴 사업기간과 엄청난 금액의 사업비를 좌지우지해야 하는 일을 경험이 없는 주민들에게 공공은 정책적으로 계속 사업을 하도록 요구하고 있습니다. 그렇기 때문에 정비사업은 여전히 시공사 중심 시스템을 유지할 수밖에 없는 것입니다.

현 시스템을 유지할지 아닐지에 대한 고민이 있어야 한다고 생각합니다. 지금의 시스템에서는 상황이 변할 경우 과거의 경쟁 시스템으로 다시 돌아갈 가능성이 있습니다. 주거환경개선이나 기반시설 확충이 공공이 할 일이라면 직접 발주해서 시공사도 얽어매고 필요하면 예산 투입도 해야 하는 게 아닐까요? 시공사도 적정 이익을 낼 수 있다면 참여할 것이고, 분양은 위탁을 준다든지 하는 방법도 가능하겠죠."

부동산이 침체되어 있는 현 시기의 시공사 상황을 물었다.

"공사를 해 주고도 돈을 못 받는 사업장이 많습니다. 법대로 하면 조합이 책임져야 하지만 현실적으로 전 재산이 얼마 되지 않는 사람들에게 비용을 청구할 수도 없는 게 현실입니다. 회사에서는 계약서대로 조합이 책임져야 된다고 질책하지만 우리나라 정서상 힘든 게 현실입니다. 사회적 윤리라는 부분과 경영진의 입장이 상충하는 상황입니다. 사업은 손해가 날 수도 있는 것인데 조합이 온전히 책임질 수가 없는 겁니다. 담당자 입장에서는 그 짓을 못하겠기에 회사에는 언론을 핑계대기도 하죠. 그래서 시공사 입장에서는 손해가 나도 진행하는 경우가 있습니다."

손실 시장에서의 갈등 해결방법에 대해서는 냉정한 현실을 이야기 했다.

"이익이 있을 때는 갈등을 풀기 쉬운 구조입니다. 몇 백 번 만나면 풀릴 수도 있습니다. 누가 더 벌고 덜 버느냐의 차이니까요. 하지만 손실이 있는 상황에서는 수천 번 만나도 해결이 안 됩니다. 법으로만 가능합니다. 개인이 몇 천만 원만 부담해야 한다고 해도 풀릴 수가 없는 거죠."

시공사가 취하는 이익률에 대해서도 이야기를 들어보았다.

"생각하는 것보다 정비사업 호황기 때나 지금이나 시공사의 이익률은 10퍼센트 내외로 크게 바뀌지 않았습니다. 정비사업은 다른 사업방식으로 아파트를 짓는 것과 수익 구조가 다릅니다."

시공사 직원으로서의 입장에 대해서도 이야기해 주었다.

"현장을 맡은 시공사 직원들을 부르는 말이 있습니다. 반조합원이라고 해요. 시공사 직원들은 시공사 이익만을 위한다고 생각하는데 사실은 회사와 조합의 중간 지점에서 중재 역할을 많이 합니다. 회사가 100퍼센트를 요구하고 조합이 50퍼센트를 요구하면 회사를 설득하기도 합니다. 직원들 모두 자신이 맡은 현장에 대한 애착이나 자부심이 있어요. 조합원들에게도 칭찬받고 주변 현장들로부터도 칭찬받고 싶어 합니다. 이쪽 업을 하는 사람들은 자신이 수주를 했다는 것도 좋지만 내가 맡은 사업이라는 데 대한 자부심이 있습니다."

조합 집행부에 대해서도 의견을 말해 주었다.

"때로는 시공사가 재개발이나 재건축에 대해 아무것도 모르는 조합장을 부추겨 사업을 한다고 하는데, 시공사 입장에서는 재개발이나 재건축에 대해 아시는 분이 집행부가 되는 게 오히려 더 편합니다. 말하자면 설명이 가능한 분이 더 좋다는 뜻입니다. 실제로 시공사가 설명할 때 내용을 잘 파악할 수 있는 분은 조합이 부담해야 하는 부분에 대해서도 잘 파악합니다. 실제로 비용이 발생하는 부분인데도 이해를 잘 못하는 분들이 많습니다."

시공사 선정과정이나 계약서 작성 등 조합 입장에서는 불리하다고 인식하고 있는 문제들에 대해 의견을 물었다. 일부 조합 입장에서는 시공사 선정과정이 담합처럼 느껴졌고 시공사 선택권이 없는 결과가 되었다는 이야기들을 해 주었기 때문이다.

"어느 시공사나 좋아하는 구역은 경쟁이 발생합니다. 서로 양보하자고 해도 하지 않겠죠. 하지만 시공사별로 우선순위를 두는 구역이 있을 수 있어요. 말하자면 전략사업지로 삼는 곳이 있습니다. 해당 구역을 전략사업지로 삼은 시공사는 관심이나 노력을 많이 기울이는 반면 다른 시공사는 그만큼의 노력을 기울이지 않는 겁니다. 구역의 규모 등에 따라 시공사의 전략사업지가 다른 것이 예가 되겠죠. 주민들의 입장에서는 브리핑 때 수주에 대한 노력 정도가 확연히 차이가 나는 것을 느낄 겁니다. 2008년에서 2009년경에 시공사 수주 경쟁이 과열되었던 건 사실입니다. 그 이유 중 하나는 조합원들이 합리적인 판단을 못하기 때문에 생긴 것도 있습니다. 예를 들면 단돈 50만 원이나 100만 원 때문에 시공사 결정을 하기도 합니다."

이런 문제점을 보완하기 위해 공공관리제도로 시공사를 선정하기 시작한 것이다.[21]

"공공관리 시공사 선정은 동네 주민들이 시공사 선정 문제로 갈라져서 갈등이 생기는 것을 막는 순기능은 있다고 생각합니다. 하지만 원가를 낮춘다거나 조합원의 선택권이 넓어지는 기능은 별로 없는 것 같습니다."

많은 조합에서 계약서를 작성할 때 이런저런 노력에도 불구하고 시공사와의 계약이 만족스럽지 못하다는 이야기를 한다. 조합 입장에서는 시공사에 유리하다고 생각하는 계약조건과 모호한 조항 등 자주 논란의 대상이 되는 계약서 문제를 시공사는 어떻게 생각할까?

"전문가와 비전문가의 힘의 불균형의 문제입니다. 이 문제를 단지 계약서의 내용 문제로만 보지 말아야 합니다. 표준계약서가 바뀌면 바뀌는 대로 아마도 시공사는 대응할 수 있을 겁니다. 기존 계약서가 구체적이지 않아 불합리한 부분이 있었지만 표준계약서는 모두 구분해 공사비가 증가할 수도 있습니다. 긴급공사비에 대한 규제 내용이 없기 때문입니다."

조합들이 정비업체에서 도움을 받지 못하는 경우 변호사나 법무사

21) 2010년 9월 16일 서울시 시공사 선정 기준 고시.

의 자문을 받는데 이런 자문의 한계에 대해서도 시공사의 입장을 물었다.

"계약서라는 게 법적인 검토 이외의 부분이 있습니다. 계약서는 서로의 이해관계를 조율하는 것인데 이는 계약 당사자들의 의사로 결정되는 부분이 있기 때문입니다. 변호사들은 법적인 검토를 할 뿐이지 당사자들의 의사를 조율하지는 못하기 때문입니다."

시공사에 관한 몇 가지 오해들

마찬가지로 공공관리제도에서 표준계약서의 역할에 대한 의견도 들었다.

"경쟁이 있는 상황에서는 공공관리 계약서가 역할을 할 수 있습니다. 하지만 시장이 침체되어 있는 상황에서는 공공관리 계약서가 꼭 조합에 유리하지 않을 수도 있습니다. 사업이 잘되는 경우에는 좋으나 사업이 잘 안 되는 경우에는 추가분담금을 가중시킬 수 있기 때문입니다."

조합 입장에서 시공사에 대한 불만 중 하나는 시공사는 설계변경 등을 통해서 공사비를 증액한다는 사실이다.

"공사비 증액만을 위해서, 즉 이윤 추구만을 위해서 설계변경을 한다고 오해를 하는데 그렇지 않은 부분이 있습니다. 예를 들면 6년 전 계약을 했다고 하면 6년의 시간차가 있습니다. 그동안 건축 관련된 규제나 지침이 많이 바뀝니다. 과거에는 안 해도 되던 것들을 해야 합니다. 예를 들면 환경설계나 소음, 범죄 관련 기준 등이 강화되는 것들입니다. 자동차가 하루가 다르게 업그레이드되는 것처럼 아파트도 마찬가지입니다. 또 다른 이유로는 시공사의 입장에서는 설계도면대로 시공할 수 없는 경우가 많습니다. 때로는 분양성과 상품성의 향상을 위해 변경하기도 하는데, 말하자면 설계사무실에서 한 설계가 경쟁력이 없다고 판단하는 경우도 있고 과설계가 된 경우도 있지요. 견적 내용대로 하면 공사비가 정해진다고 하지만 견적업체가 견적에 대해 모두 책임을 질 수 없습니다. 국가를 상대로 하는 계약처럼 진행한다거나 턴키[22]처럼 설계안을 가지고 계약을 할 수 있다면 상황은 조금 다르겠지요."

현재 아파트 위주의 전면철거 방식의 주거환경 개선방식에 대한 이야기도 나누었다.

"시공사는 왜 아파트만 좋아하냐고 하지만 주민들의 부담을 최소화하기 위한 방안이었다는 건 모두들 압니다. 시공사는 테라스하우스든 빌라든 뭐든 다 지을 수 있습니다. 내가 살고 있는 집을 고치고 싶으면 내 돈으로 하는 것이 맞지만 현실에서는 힘든 면이 있습니다. 여유가 있는 계층에서는 필요하면 몇 천만 원씩 들여서 주차장을 만든다든지 집 일부를 고친다든지 할 수 있어요. 하지만 재개발 사업지의 대다수 주민들은 내가 살고 있는 집의 주거환경을 개선하자고 내 주머니에서 돈 낼 형편의 사람이 많지 않습니다. 그리고 노후 주택은 1,000~2,000만 원으로 개선될 수 있는 부분에 한계가 있습니다. 투자 개념으로 보았을 때도 현실적으로 집을 고친다고 그 집의 지산가치가 크게 증가하지는 않습니다. 그 대신 주거환경이 개선된 걸 실질적 이득의 한 형

---

22) 기획, 조사, 설계, 조달, 시공, 유지 관리 등 프로젝트 전체를 포괄하는 계약 방식. 발주자는 완성 후 키를 돌리기만 하면 된다는 뜻에서 유래했다.

태라고 생각해 주어야 하지만 주민들은 그럴 여유가 없는 것 같습니다. 내 집을 내 돈으로 고치거나 짓는 것은 당연한 것이지만 공공이 집을 고치라고 강제성을 가질 수는 없습니다. 재개발 사업은 그동안 자산 중식이 있었기 때문에 비합리적이지만 강제성이 작동되었다고 생각합니다."

마지막으로 시공사 직원으로서 낙후된 지역의 주거환경개선에 대한 생각을 물어보았다.

"초심으로 돌아가서 이 지역을 왜 개발해야 하는가를 생각해야 한다고 봅니다. 시공사는 정비사업에서 이익이 나지 않고 손해가 난다면 정비사업을 담당하던 조직을 없애 버립니다. 하지만 주거환경개선은 어떤 방식으로든 해야 될 일이라고 생각합니다. 재개발 사업에서 가장 갑은 공공이라고 생각합니다. 왜냐하면 추진에 대한 의지가 있는지 없는지에 따라 일의 진행에 큰 차이가 있는 것을 그동안 많이 경험했기 때문입니다."

오랜 시간 이야기를 나누면서 시공사도 시공사 본연의 역할로 돌아가고자 하는 것을 느낄 수 있었다.

커뮤니케이션 잘하는 조합이
사업 잘하는 조합

:: 도시계획가 ::

조합들은 도시계획가에게 어떤 불만들이 있을까? 조합 집행부에서는 주로 용적률을 왜 높게 안 주는지, 기반시설 설치비용을 왜 조합에게 부담시키는지 등이 불만이다. 반대로 도시의 큰 그림을 그리는 사람들의 입장에서 조합에게 들려주고 싶은 이야기는 무엇일까? 정비사업의 기준이 되는 재개발·재건축 기본계획을 만드는 도시계획가의 이야기를 들어 보았다.

"저는 재개발·재건축 기본계획을 만드는 데 계속 참여했고 그동안 두 번의 외환위기를 거쳤습니다. 10년, 20년을 내다본다고 하면서도 근시안적으로 계획을 했던 게 아닌가라는 생각이 듭니다. 주거문제에 대한 장기적인 예측을 못하고 현황 중심으로 해결하는 데 급급하지 않았는지 반성하고 있습니다. 예를 들면 정비구역 지정 문제만 놓고 보더라도 현황 중심으로 지정했습니다. 노후화된 지역이면 지정을 했고, 용적률이나 높이 기준도 법의 테두리 안에서만 제시했습니다. 형평성의 문제 때문에 지역의 특성을 고려하지 못하는 한계를 가졌습니다. 이런 점이 결국 현실에서 문제를 만들었던 것 같습니다. 장기적인 시각을 가지고 도시계획가들이 공무원이나 주민들을 설득해 나가는 작업을 하지 못했던 것 같습니다."

조금 더 구체적으로 주민들의 큰 불만 중 하나인 기반시설 설치비용 부담에 대한 도시계획가로서의 입장을 들어 보았다.

"지금까지는 원인자나 사용자 부담 원칙하에 주민들이나 사업자가 부담하는 걸 원칙으로 했습니다. 공공이 기반시설 부담에 대한 역할을 했는지 생각해 보면 일방적으로 사업주체에 떠넘긴 측면이 있습니다. 아마도 개발이익이 있다고 판단해 그렇게 한 것 같습니다. 하지만 요즘처럼 저성장 시대에는 이 의무에 대한 재평가를 고민해야 한다고 생각합니다. 사업여건이 바뀌었기 때문에 공공과 민간이 역할을 분담해야 합니다."

도시계획가가 바라보는 정비사업의 공과 실은 무엇일까?

"주택공급, 기반시설 확보, 주거환경개선은 인정받아야 합니다. 실이라고 한다면 과도하게 사업을 추구하는 과정에서 생긴 고밀개발, 주변과의 부조화나 경관문제 등입니다. 이 외에도 그 안에 있는 사람을 보지 못했다는 점을 들 수 있습니다. 세입자나 영세한 주민들의 문제가 그 예가 되겠지요."

도시계획가가 보는 정비사업의 방향과 공공의 역할에 대해 질문했다.

"의사소통, 즉 커뮤니케이션이 중요한 화두가 될 것입니다. 공공에서는 커뮤니케이션하는 시스템에 대해 고민하고 있습니다. 즉, 의사소통 방식이 시스템적으로 바뀌어야 한다고 봅니다. 주민들도 과거와 달리 성숙했고 사업 여건도 바뀌었기 때문입니다. 주민을 대하는 공공의 태도도 바뀌어야 하고, 사업을 추진하는 사람들이 주민들과 소통하는 방식도 바뀌어야 합니다."

집에 대한 모두의 생각을 바꿀 때

공공의 역할은 앞으로 어떻게 자리매김되어야 할지 의견을 물었다.

"그동안 시스템이 잘 갖추어지지 않은 어려운 여건 속에서 사업을 했다고 생각합니다. 공공의 역할에 대해 고민하고 있는데 사업의 절차라든지 새로운 사업 방식 등이 그것입니다. 예전과 다른 점으로는 공공이 주민들에게 정보를 많이 주려고 한다는 것입니다. 조합도 과거에 비해 정보가 많아졌습니다. 주민들은 그런 자료들을 토대로 스스로 협의해 나갈 수 있을 겁니다. 공공에서는 주민들이 참여하는 절차를 통해 충분한 논의 과정을 거칠 수 있도록 지원해야 합니다. 더불어 사익과 공익에 대한 이해와 양보가 양측 다 필요합니다."

정비사업구역 안에 있는 주민들은 본인의 주거환경개선조차도 차원 높은 이야기라고만 생각하고 재산 증식 여부에 온통 관심이 있는 게 현실인데, 공공의 이익까지 고민할지 주민들에게는 와 닿지 않는 얘기들이 아닌지 의견을 늘어보았나.

"용적률만 증가시켜서 사업성을 올리는 시기는 지났다고 봅니다. 주거환경의 질은 바로 가격으로 반영되고 있습니다. 영구 음영, 프라이버시 같은 심리적 요소나 건강과 문화에 관련된 모든 요소는 가격에 반영되고 있습니다. 동네에 수영장이 생기면 집값이 오릅니다. 복리도 향상되고 가격도 상승합니다. 팔 때도 살 때도 프리미엄이 붙습니다. 나도 좋아지고 남도 좋아집니다. 단열이 잘되는 집은 덜 춥고 덜 더우니 삶의 질이 개선되고 관리비가 적게 드니 돈도 적게 듭니다."

하지만 주거정비사업구역에는 소득 수준이 낮은 계층이 많기 때문에 그런 것이 좋은 것을 알아도 당장 주거비를 부담할 형편이 안 되는 게 문제가 아닌지 물었다.

"이제 주택 가격 상승에 따른 프리미엄이 존재하지 않는 시대가 왔다는 것을 인식한다면 부담 가능한 주택이 앞으로 나아갈 방향입니다. 쉽게 말하면 욕심 부리지 않는 게 현명한 선택입니다. 평수만 뜻하는 게 아니라 상품의 구성에 대한 것까지 포함된 것입니다.

예를 들면 단열이 잘되고 깨끗한 정도의 기본적인 집을 지을지 좀 더 기능이 많은 집을 지을지 결정하면 됩니다. 자기 몸에 맞는 옷을 입는 것이 중요합니다. 빚을 내서 옷을 사도 옷장 속에 걸어 둘 수도 있습니다. 예를 들면 나이 드신 분들은 안방과 부엌만 필요한 경우도 있습니다. 관리비도 적게 들고 주택공간이 작은 게 관리하기 편해서 선호하죠. 예를 들어 똑딱이 카메라면 충분한 분이 전문가용 카메라를 사지 않듯이 자신이 필요한 주택을 만드는 게 중요합니다."

이런 주택을 만들기 위해서는 사업에 참여하는 모든 사람들이 변화할 필요가 있다고 했다.

"시공사나 건축사는 사업의 과정을 설명해야 한다고 봅니다. 사업 추진 작업보다 주민 상담 역할이 중요합니다. 어떤 상품으로 계획할지 컨설팅하는 과정이 강화되어야 합니다. 말하자면 주민 맞춤형 주택을 만들어 가야 합니다."

사업을 추진하는 대표들에게 해 주고 싶은 이야기는 무엇일까?

"조합은 이렇게 하면 얼마가 남는다고 설명하지 말고 이렇게 하면 얼마만큼 좋아진다고 하면서 비용에 대해 설명해야 합니다. 원하는 주택에 대한 주민들의 의견을 모아야 합니다. 조합장은 주민을 대표하므로 정확한 주택 상품을 생각해 보아야 합니다.

현명한 소비자들의 리더가 되려면 본인 스스로 현명한 판단을 할 수 있는지 판단해 보아야 합니다. 주민들을 상담하고 사업을 준비하며 인내심을 가지고 작품을 만드는 심정으로 임해야 할 것입니다. 완고한 공공과 영리한 시공사, 요구하는 것 많은 주민들 사이에서 일한다는 게 얼마나 어려운지 알아야 합니다. 조합 구성을 위한 교육을 받는다든지 기초적인 정보나 지식을 습득하기 위해서 노력하는 건 기본적인 거겠지요. 이렇게 변화에 능동적으로 대응하면 정비사업은 시민의 복리에 기여하는 사업이 될 수 있을 겁니다."

복리福利라는 말의 의미를 잠시 생각해 보았다. 복리는 행복과 이익을 아우른다는 뜻이다. 아마도 조합원들이 사업을 통해 바라는 것은 행복과 이익을 모두 얻는 것일 것이다.

누구를 위하여 일하는가?

"제일 나쁜 사람이 심의위원이죠?"

심의위원은 만나자마자 먼저 이렇게 말을 꺼냈다. 심의란 왜 있는 지 어떤 식으로 운영되는지 주민들이 궁금해하는 것들은 너무 많겠지 만 심의라는 절차가 필요한 이유부터 이야기를 시작했다.

"도시행정이라는 게 정량적인 부분만을 가지고 펼칠 수 없는 특성 이 있습니다. 그렇기 때문에 심의라는 정량적인 부분과 정성적인 부분 모두 아우르는 종합적인 판단을 하는 과정을 거칩니다. 제시한 안이나 계획안을 종합적으로 검토하여 일정 기준점 이상이 되도록 만드는 과 정입니다. 도시계획적 측면이나 사업적 측면 모두 종합적으로 판단합 니다. 법이 디테일하게 규정하지 못하는 부분들이 있기도 하고 단어로 규정된 경우 판단하기 어려운 부분들이 있습니다. 예를 들면 지침에 '주변과 조화되게'라는 항목이 있다고 한다면, 이 계획안이 주변과 조 화되게 계획되었는지는 구체적으로 판단하기 어려운 부분입니다. 혹

262

은 외관을 폐쇄적으로 하지 말고 주변을 배려해야 한다는 것들도 해당됩니다. 어떻게 배려해야 하고 어느 정도 배려해야 하는가는 정량적인 부분이 아니기 때문에 심의에서 협의를 통해 결정될 부분들입니다. 그 때문에 담당 공무원이 법규에 명시적이지 않은 내용을 사업주체를 설득시키기 위해서 때로는 굴복시키는 방법이 심의라는 절차입니다. 물론 이런 부분들을 판단하기 때문에 심의위원의 주관이 개입될 가능성이 있습니다. 이 때문에 저희는 한 가지만 보려고 하지 않고 앞뒤를 모두 보려고 합니다. 우리가 무너지면 모두 무너진다라는 자세로 합니다. 즉, 심의위원들은 최종 결정 주체라고 스스로를 생각합니다. 그렇다면 누구를 위해서라는 질문이 가능합니다. 답은 모든 사람을 위해서입니다. 건축주, 즉 조합 스스로를 위해서도 더 좋은 결과가 될 수 있다고 믿고 일합니다."

심의위원의 역할과 한계

심의위원들과 공공의 역할이 다른 부분이 있는지 혹은 의견이 다른 경우도 있는지 물었다.

"심의위원이 공공의 견제 역할을 하는 경우는 두 가지로 볼 수 있습니다. 첫째는 지나치게 공무원의 재량권을 남용하는 경우고, 둘째는 지나치게 복지부동할 때입니다. 반면 심의위원회의 한계는 행정에 종속적이라는 겁니다. 예를 들면 심의에 올라오는 안건만 논의할 수 있다는 것입니다. 하지만 운영방법에 따라 심의위원들의 기여는 보다 커질 수 있다고 생각합니다."

하지만 어느 분야나 마찬가지겠지만 실제 상황에서는 아쉬운 점이나 개선책들이 요구될 텐데 구체적으로 어떤 부분들에 대해 그런 것들을 느끼는지 의견을 물었다.

"우선 많은 분들이 걱정하는 것처럼 돌발적 결론이 나올 수 있다는 점입니다. 심의를 받는 입장에서는 받아들이기 힘든 내용이 요구되는 것인데, 실질적 상황에서는 성향이나 전공 분야 등 여러 변수들이 작용하면서 우연의 결과가 도출될 수 있는 가능성은 있습니다. 특정한 견해가 강하게 주장될 수도 있죠. 하지만 두 가지 경우 모두 드물게 발생하는 일이라는 점을 말씀드리고 싶습니다. 최종 결정은 늘 위원들 간의 합의로 되는데 제가 심의위원으로 오래 활동했지만 거수로 결정된 적은 없습니다. 참여한 위원 모두가 의견을 공감하는 과정을 거칩니다.

두 번째는 커뮤니케이션의 문제입니다. 즉, 결정 전달 과정의 문제인데, 전달 과정에서 정확성이 떨어지는 점입니다. 우선 심의위원 개개인의 발언을 취합하여 행정을 맡은 공무원이 글로 정리합니다. 말로 한 것을 글로 적는 과정은 생각보다 오차가 많습니다. 저 같은 경우도 제가 회의 때 말한 것을 회의 끝나면서 의견서에 글로 적는 경우가 있는데 미묘한 차이가 있다는 걸 제 스스로 느낍니다. 이 글들을 가지고 이해관계자는 해석을 하고 계획을 변경하는 절차를 거쳐 다시 심의에 올리는데, 저희 입장에서는 애초에 저희가 요구했던 것과 정확하게 맞지 않는 경우가 종종 있습니다. 그렇기 때문에 보완과 주문에 대한 위원들의 의견이 왜곡 없이 잘 전달되었으면 합니다.

세 번째는 심의위원 개별 의견들이 상호 충돌하는 경우입니다. 이런 문제는 대부분 위원장이 정리합니다. 혹은 그런 역할을 하기로 되어 있는 직위의 분이 정리합니다. 하지만 드물지만 상호 충돌되는 개별 의견이 그대로 나가는 경우도 있습니다. 위원회라는 조직의 위치, 위원들이 가지는 권위 같은 것 때문에 위원회의 문제점이 논의가 안 되는 경우가 있을 수 있습니다.

저는 이런 생각을 해 본 적이 있습니다. 만약 같은 사안을 놓고 심의를 해 보는 테스트를 해 본다면 같은 결과가 도출될지 궁금합니다. 여러 점들에서 저희들이 더 노력해야 한다고 생각합니다."

구체적으로 서울시 도시건축공동위원회의 분위기를 물었다.

"위원회의 장은 행정부시장입니다. 위원들의 공통된 의견이나 견해를 존중해 주는 분위기입니다. 위원들 중에 학자가 많기 때문에 가치 지향적으로 운영되고 있습니다. 시장이 어떤 분이 되더라도 바뀌지 않을 가치를 찾고 지키려고 합니다."

조합에게 해 주고 싶은 이야기가 있는지 물었다.

"아마도 조합이 주식회사와 다른 점은 주식회사가 최대이윤을 지향한다면 조합은 적정이윤을 지향한다는 점일 겁니다. 정비사업은 주민들만의 사업이 아닙니다. 주민과 공공이 같이 하는 사업입니다. 제가 MP Master Planner일 때 조합원들에게 이렇게 물어본 적이 있습니다. 사적 이익을 극대화해 달라는 것이 MP에게 요구하는 것입니까? 그랬더니 그렇다고 대답하더군요. 왜 남의 사업에 감 놓아라 배 놓아라 하냐고 하지만 공공의 존재를 인정해야 합니다. 한 예로 아파트는 공공재로 규정되어 있습니다. 크게 보면 한 동네의 주민은 계속 교체된다고 볼 수 있습니다. 어느 주민이 지나친 이익을 가져가면 다른 주민이 피해를 볼 수 있다는 것을 공감해 주었으면 합니다. 주변을 배려하는 문제를 예로 들어 보겠습니다. 아파트를 계획하면서 그 동네 주민들이 이용하던 산으로 올라가는 길이 없어졌다고 생각해 봅시다. 해당 아파트 주민은 상관없을 수 있지만 주변의 주민은 불편할 수 있습니다. 이런 점들을 많이 생각해 주었으면 합니다. 또 말씀드리고 싶은 것은 조합을 운영하는 분들은 귀로만 듣지 말고 눈으로 직접 보라는 것입니다. 귀는 좋은 말만 들립니다. 기대치도 높아집니다. 직접 다니면서 나쁜 것도 보라는 뜻입니다."

정비사업에 대한 의견을 마지막으로 물어보았다.

"조합 방식이 최선이라고 생각하지는 않습니다. 조합의 규모가 커질수록 리스크가 커집니다. 주민총회를 생각해 봅시다. 주민들은 자신의 일인데도 우산이라도 하나 줘야 참석합니다. 조합원이 몇 천 명이면 총회 몇 번만 해도 억 단위가 나갑니다. 자신들의 돈으로 치르는 행사인데도 말이죠. 자기 오른쪽 주머니에 있던 돈을 왼쪽 주머니에 넣어 주었는데 좋아하는 것과 같은 이치입니다. 조합은 몇 천만 원씩 들여 준비하는 총회가 무산되면 다시 준비하는 데 더 많은 돈이 듭니다. 그렇다면 그런 총회의 의사결정이 신속한 의사결정이냐 혹은 좋은 의사결정이냐에 대해 생각해 볼 필요가 있습니다. 예를 들어 삼성 전체 임직원이 모여 의견을 수렴하고 결정한다고 해 봅시다. 사실 다 모여서 결정하나 대표이사가 결정하나 결론은 거의 같을 수 있습니다. 주민 설명회를 가면 대부분 첫마디가 '나는 잘 모릅니다'입니다. 주민이 어떻게 하루아침에 사업가가 됩니까?"

그렇다면 공공이 사업의 주체가 되어야 하는지 물어보았다.

"공사가 성공한 사례가 없다는 게 문제입니다. 또 신탁사 등이 사업 주체가 되면 금융가들이 대부분 주인이 됩니다. 그런 경우 돈을 돌려

이익을 추구하는 데 초점을 맞출 수 있습니다. 제 개인적인 의견은 단계적 보완책으로 조합비를 징수하자는 것입니다. 사업은 자본이 있어야 하는데 조합은 부동산만 있으니 한계가 있습니다. 그러면 시나 시공사에 사업비를 손 내밀 필요가 없지요. 재산이 없는 분들은 담보로 대출을 받아서 사업비를 낼 수 있을 겁니다. 자기 자산의 1퍼센트만 내놓고 사업을 시작해도 조합원들의 자세가 지금과는 다를 겁니다."

얼마나 많은 사람들이 정비사업에 대해 고민하고 대안을 만들려고 했는지 알 수 있는 이야기다.

공공의 역할은
어디까지인가?

:: 서울시 공무원 ::

공공과 조합 사이의 수많은 이슈들 중에 우선 용적률 이야기부터 시작해 보았다.

조합장들을 인터뷰하면서 느낀 점인데 이제 조합 입장에서는 기반시설을 많이 설치해 주고 인센티브로 용적률 완화를 받는 방식을 선호하지 않는 것 같다고 하니 다음과 같은 답이 돌아왔다.

"사실 그동안 순부담률 10퍼센트는 기본으로 정해 놓고 출발하는 입장이었습니다. 현재는 두 가지 측면에서 고민하고 있습니다. 첫째는 순부담률 기준을 일률적으로 적용하는 게 타당한가입니다. 예를 들면 무허가 건물이 많고 기반시설이 없는 곳도 있고, 토지구획 정리사업 완료구역처럼 도로율이 높은 곳도 있는데, 하나의 기준을 적용하는 게 맞는가 하는 문제입니다. 둘째는 주민부담을 낮추어 줄 필요가 있다고 생각합니다. 예를 들면 공원 면적이 조금 줄어도 가능한 상황에서는 그럴 수도 있지 않나 하는 것입니다. 10년 전 계획이 지금의 현실과 맞지 않다는 것을 느낍니다. 현재 상황에서는 순부담률 10~15퍼센트는 높다고 할 수 있습니다. 실무자 입장에서는 완화해 주었으면 하는데 심의위원들이나 공공계획가들 중에서는 반대하는 입장인 분들이 있습니다. 사업성 보존을 위한 기반시설 부담률 완화는 비록 과하게 지정되었다 하더라도 공공 입장에서는 계획 수립 자체를 변경하는 게 부담스럽습니다."

그렇다면 기존 기준으로 진행하는 건지에 대해 물었다.

"완화 필요성에 공감은 합니다. 하지만 만약 지금 벌려 놓은 사업장만 공공이 기반시설을 부담한다고 하더라도 비용이 1조~2조 원이 넘을 겁니다. 또한 계획과 부동산경기가 같이 가기 어려운 부분이 있습니다. 하지만 용적률 적용에 대한 개선은 필요하다고 봅니다. 도시계획 조례에서 정한 용적률을 계획을 수립하면서 다시 기준용적률이라는 개념으로 낮춘 후 기반시설을 설치하면 다시 올려 주는 방식에 대해 변경이 필요하지 않나 생각합니다.

사업을 하려는 주민들이 이 부분에 상당히 예민한 것으로 알고 있습니다. 우리가 도로를 낼 테니 법에서 정한 용적률은 그대로 적용받도록 해달라고 합니다. 공공도 이제는 주민들이 이해하고 납득할 수 있는 계획을 해야 한다고 생각합니다. 구역 내 국공유지 면적과 새로 설치하는 기반시설 면적을 일대일로 교환하는 건 주민들이 대부분 받아들입니다. 기반시설을 위해 부지를 제공할 때 제공하는 면적 대비 완화 받는 용적률과의 관계가 있습니다. 곡선형을 그리는데, 말하자면 제공하는 기반시설 면적이 일정 수준을 초과하면 용적률이 다시 내려갑니다. 그렇기 때문에 조합도 기부채납으로 지나치게 많은 땅을 내주는 걸 원하지 않는다는 점을 알고 있습니다."

조합들의 사업성 추구에 대한 의견을 물어보았다.

"사업성 위주로 과하게 계획을 수립하는 데 대해 한 번 더 생각해 보길 권합니다. 조합은 용적률이나 건축물 높이를 과도하게 지정해 놓고 심의 때 통과되면 좋고 안 되면 줄이지라는 입장인 것 같습니다. 주변 지역 사업장과 비교해서 무리하지 않게 진행하고, 계획에 대한 서울시 방향을 빨리 파악하는 것이 좋습니다. 공공의 입장에서는 설계를 하는 용역사가 전문가로서 역할을 해 주길 바라는데 용역사의 한계가 있는 것 같습니다. 다른 조합이 하는 것을 못하면 무능한 업체가 되기 때문에 그럴 수밖에 없는 현실은 알지요. 하지만 공공에서는 조합이 용역사를 전문가로 인정해 주고 용역사가 공공과 조합의 중간에서 설득하는 역할을 해 주길 바랍니다. 사실 이런 것이 잘 되지 않아서 공공건축가제도를 만들었습니다."

공공건축가제도

공공건축가제도에 대해 조금 자세한 설명을 들어 보았다.

"이를테면 제3자 건축가 자문을 받는 것인데, 처음에는 거부감이 있었는데 지금은 순기능을 많이 인정하는 것 같습니다. 예를 들면 공공건축가가 심의위원회에서 위원들을 직접 설득하기 때문에 심의통과가 잘된다고 생각하고 있는 것 같습니다. 한번 심의에서 보류되면 다시 결정되기까지 보통 두세 달 걸리기 때문에 오히려 공공건축가가 있는 게 사업 속도가 빠르다고 생각하는 것 같습니다.

공공건축가들이 시와 조합의 교량 역할을 해 주고 있어요. 저희는 가능한 한 길게 자문하지 말고 6~7회 정도만 자문을 하도록 권유합니다. 또 사업 단계에 따라 자문의 초점이 조금 다를 수 있습니다. 예를 들면 사업시행인가 단계와 초기 단계는 자문하는 입장에서도 어느 정도 구분을 합니다. 예를 들면 잠실5단지나 가락시영, 개포 등은 시작 단계라고 볼 수 있습니다. 하지만 이미 사업시행인가 단계는 공공성과 사업 보전성 둘 모두를 같이 검토해 줍니다. 이문1구역이나 신정1-1구역 같은 곳은 최대한 사업성을 보전해 준 경우입니다."

조합 입장에서는 발코니 문제, 임대주택 매입비 등의 변경을 많이 요구하는데 공공은 이런 문제들에 대해 어떤 고민들을 하고 있는가 물었다.

"발코니 문제는 발코니를 기능으로 보기보다는 디자인 측면으로 보는 것 때문에 출발했다고 봅니다. 발코니는 무조건 확장해 주거공간으로 만들려고 하는 것도 문제가 있는 것 같고, 발코니는 발코니의 기능이 있다고 보시면 좋을 것 같습니다. 현재는 60제곱미터 미만 세대는 발코니를 면적 제한 없이 설치할 수 있도록 허용하고 있는데, 민간에서는 큰 평수는 두고서라도 85제곱미터 이하까지는 허용해 달라고 하고 있습니다. 공감하고 있는 부분입니다. 임대주택 매입비용 현실화도 민간이 주장하는 부분에 공감하고 있습니다. 현재는 임대주택 매입비용이 평당 370만 원인데 조합 중 이렇게 말하는 분들이 있더군요. '임대주택은 표준건축비로 공사해 주면 됩니까?' 사실 다양한 소득계층의 주민이 더불어 살 수 있도록 하기 위해 임대주택과 분양주택을 섞어 계획하라고 하면서 임대주택만 싸게 지으라고 하는 것은 무리라고 생각합니다. 조합은 땅을 내줄 테니 SH가 되든 누가 되든 공공이 지으라고

271

요구합니다. 서울시는 국토부에 현실화를 요구하고 있습니다. 정부 돈을 일부 지원받아 매입하기 때문에 현실화를 하면 서울시도 부담금이 늘기는 하지만 부담할 수도 있을 겁니다."

정비사업의 공공적 성격에 대해 물어보았다.

"정비사업은 공공사업과 민간사업의 중간에 있습니다. 계획은 공공이 하고 사업은 민간이 법의 테두리 안에서 하기 때문입니다. 그동안은 민간사업이라고 본 측면이 있습니다. 그렇다 보니 조합장이 세 명은 구속되어야 사업이 끝난다는 말들이 나오게 된 것도 현실입니다. 그래서 공공이 나서게 되었고, 사실은 사업을 도와주자는 측면보다는 투명하게 하고 공정성을 가지게 하자는 측면이 많았습니다. 비리가 없어지면 사업기간이 단축될 것이라고 보았기 때문입니다. 하지만 공공의 역할에 한계가 느껴집니다."

공공의 역할에 대해 고민하는 점들에 대해 물어보았다.

"제일 큰 것은 공공이 어디까지 해야 하느냐 하는 문제입니다. 하면 할수록 그런 것 같아요. 예를 들면 서울시는 사업시행인가 후에 시공사를 선정하도록 했는데 현실적으로 이에 대한 한계를 느낍니다. 보통은 집주인이 자기 돈 가지고 집을 지어야 하는데 정비사업은 돈이 없는 상태에서 하기 때문에 재원조달 방법이 어려운 문제가 있습니다. 융자로는 한계가 있습니다. 공공이 제공하는 금리와 시중금리는 큰 차이가 없습니다. 때로는 융자해 주는 금리가 더 높기도 합니다. 또 공공관리제로 추진위 구성을 지원해 주는 것도 현실에서는 예상하지 못했던 다양한 일들이 일어나고 있다는 것을 알고 있습니다. 공공관리제로 사업을 하는 곳과 그렇지 않은 곳과의 성과에 대한 비교를 통해 점검을 해

272

볼 필요도 있다고 생각합니다."

공공발주라든지 혹은 공공이 적극적으로 사업의 주체로 참여하는 사업방식에 대해서는 어떻게 생각하는지 의견을 물었다.

"SH공사는 채무가 많아서 공공이 미분양 등에 대한 부담을 지기가 어렵습니다. 솔직하게 사업 리스크를 공공이 지기는 힘듭니다. 재개발 사업의 전반적인 절차나 방식이 변하지는 않겠지만 많은 보완책들이 논의되고 있습니다. 현재 주거의 개념과 주택정책에 대한 패러다임이 바뀌어 가고 있다는 걸 잘 아실 겁니다. 조합 집행부나 시공사 위주의 개발이익이 우선되는 전면철거 방식의 현 재개발 사업은 이제 다른 방식으로 전환되어야 한다고 봅니다. 사람과 장소를 중시하고 서로 협업하며 공공성이 강화되는 방식으로 가야 합니다."

사업에 대한 인식전환이 필요한 때

추상적으로 들릴 수도 있어 구체적으로 설명을 부탁했다.

"장소란 도시경관을 중요시하는 것이죠. 지역의 경관이나 동네의 풍경과 어울리는 주거를 말합니다. 사람이란 커뮤니티의 활성화를 뜻합니다. 지역주민과 소통하는 정비사업 방식을 통해 사업을 하는 과정이나 한 후나 그 구역의 사람이 존중받는 것입니다. 협업한다는 것은 모든 주체가 함께 참여한다는 이미입니다. 더불어 공공성을 강화하기 위해 지역에 열린 담장 없는 아파트를 계획하고 기반시설을 지역주민과 공유하는 것 등이 해당됩니다."

서울시의 바뀌는 패러다임이 현장에서 사업구역마다 구체적으로 어떻게 적용되는지 물어보았다.

"구역이 지정된 곳에서 사업을 할 경우는 기존 정비사업 방식으로 갑니다. 하지만 정비예정구역은 큰 틀이 바뀐다고 볼 수 있습니다. 주민의 의사와 전문가(공공건축가)가 참여하여 거주성 향상과 공공성 확보를 통해 공익과 사익을 동시에 충족하는 방향으로 정비사업이 진행되어 지금보다 훨씬 경쟁력 있는 주거단지가 조성될 것입니다. 패러다임의 전환이 사업방식의 다양화만 의미하는 것은 아닙니다. 어쩌면 더 중요한 부분은 주민 합의라는 주제입니다. 말하자면 동의율의 문제인데 동의율이 강화되는 방향으로 갈 겁니다. 주민 갈등을 최소화하고 정비사업이 성공하기 위해서는 무엇보다 주민 합의가 중요한 것 같습니다. 예를 들면 주민 제안에 의해 정비구역이 지정되려면 현재 토지등소유자의 3분의 2 이상, 즉 66.7퍼센트가 최저요건인데, 75퍼센트 이상으로 강화되어야 할 것 같습니다.[23] 또 사업이 진행되는 과정에서 협의에 의해 진행될 수 있는 장치들을 만들고 있습니다. 예를 들면 사전 협의체 운영입니다. 물론 강제성은 없지만 조합에서 서울시의 취지를 잘 이해하고 활용해 주었으면 합니다."

그렇다면 높은 동의율로 사업을 추진하려는 구역에 대한 서울시의 지원책에 대해 물었다.

"주로 공공에서 말하는 것은 두 가지입니다. 인허가 절차 간소화와 융자금 대여죠. 하지만 이 두 가지 모두 전체 사업과정에서 보면 큰 요소는 아닙니다. 사업 추진의 중요한 요소는 갈등이라든지 기타 큰 문

---

23) 「도시및주거환경정비법 시행령」 13조의 2, 「서울시 조례」 제6조에 의해 정비구역 지정의 입안을 위한 주민 제안은 토지등소유자의 3분의 2 이상 및 토지 면적의 2분의 1 이상 소유자의 동의를 얻어야 한다.

제가 없어야 한다는 점입니다. 경미한 변경 범위의 확대를 통해 도시계획심의 절차를 생략할 수 있는 범위를 넓혀 준다거나 사업자금을 대여해 주는 것은 전체 사업기간에 비하면 짧고 큰 금액이 아닙니다. 추진위 단계에서 조합 단계로 넘어갈 때 영향을 줄 수 있는 정도라고 판단하고 있습니다."

정책의 결정이나 변경, 한계점 등에 대해 그간 느낀 점은 없는지 물었다.

"정책이 있고 나서 시행되고, 시행될 때 문제가 있으면 개선하는 방식입니다. 처음부터 문제없이 만들려고 하지만 문제가 없을 수 없는 게 현실입니다. 정책을 만들 때 시간을 많이 들여서 정책을 만들면 좋겠지만 급하게 정책을 만들 수밖에 없습니다. 언제까지 고민해서 만들 것인지 정답이 없기도 합니다."

주민들에게 해 주고 싶은 이야기가 있는지 마지막으로 물었다.

"사업이 일정 단계에 진입했다면 주민들이 사업비를 부담해야 하기 때문에 멈출 수 없는 특징이 있습니다. 사업 지연에 따른 비용 부담은 고스란히 주민들이 부담할 수밖에 없습니다. 결국 투명하고 효율적으로 사업을 빨리 추진하는 것이 비용부담을 최소화하고 주민들에게 도움이 된다는 걸 알았으면 합니다. 문제가 있다면 공공이 개입해야 하는데 공공의 개입에는 한계가 있는 것 같습니다."

하면 할수록 공공의 역할이 어디까지인지에 대한 고민이 많다는 이야기에 공감하며 이야기를 마쳤다.

건축가가 할 수 있는 일,
할 수 없는 일

:: 건축가 ::

　재개발 사업에서 흔히들 설계회사에서 일하는 건축가는 여러 이름
으로 불린다. 자격 여부에 따라 건축사, 전문성을 강조할 때는 건축가,
설계회사에서 일한다고 설계사 등등.

　정비사업의 한 주체로서, 설계 용역사로서 역할을 하는 건축가의
정비사업에 대한 입장을 들어 보았다. 우선 공공건축가제도가 만들어
지게 된 이유 중 하나인 전문가로서의 역할에 대한 이야기부터 시작했
다. 공공은 설계를 맡은 용역사가 조합을 설득할 수 있는 전문가로의
역할을 해 주기를 기대하고 있다고 말을 건네자 다음과 같이 답했다.

　"설계 용역비를 공공에서 주지 않는 이상 공공에서 생각하는 수준
은 힘듭니다. 공공은 용역사가 조합을 설득해 주길 바라고, 조합은 용
역사가 공공을 설득해 주길 바랍니다. 하지만 설계자가 할 수 있는 일
과 할 수 없는 일이 있습니다. 설계자가 할 첫 번째 일은 자신을 고용한
사람의 요구에 가장 충실한 것입니다. 조합은 건축주입니다. 건축주가

요구하는 것을 무시하고 건축주를 자신의 뜻대로 설득을 하겠다는 건 현재의 사회구조에서는 힘든 일입니다. 건축주는 법의 테두리 안에서 자신이 원하는 것을 건축할 권리가 있습니다.

물론 조합이 원하는 게 도덕적 기준이라고 할 수 있는 나눔이라든지 정서적인 측면이라고 할 수 있는 인간적인 환경 같은 사회적인 기준에 적합하지 않은 부분이 있을 수 있습니다. 건축가가 이런 부분에 대해 건축주를 설득해야 하는 것도 맞습니다. 관이 심의조건을 단다든지 인허가를 통해 어느 정도 강제적인 설득 작업을 하고 있는 것이 현실입니다. 하지만 저희가 제안을 할 줄 몰라서, 설득을 할 줄 몰라서 안 하는 것은 아닙니다. 조합이 그렇게 할 수 있는 회사를 선택해야 하는데 현실은 그렇지 않습니다.

한 사례를 들어 보겠습니다. 성동구에 두 개 정비구역이 나란히 붙어 있었습니다. 그중 위쪽 구역을 저희 회사가 계획했습니다. 두 개 구역의 단 차가 커서 아래 구역은 약 5개 층이 옹벽에 붙게 되었습니다. 당시에 성동구뿐만 아니라 성북구에서도 아찔한 높이의 옹벽이 들어서는 아파트 단지들이 많았습니다. 엄밀하게 말하면 옹벽으로 인한 주거환경 악화는 아래 구역의 문제였습니다. 하지만 저희는 조합에 우리 구역의 단지 레벨을 어느 정도 낮추자고 요구했습니다. 이렇게 할 경우 우리 구역도 장점이 두 가지 있었습니다. 우선 진입도로가 두 개 가능했습니다. 낮추지 않으면 진입도로가 한 개만 가능했거든요. 차가 많아질 것이므로 진입도로는 생활환경에 중요한 요소입니다. 또 다른 장점은 높은 옹벽이 있는 이상한 아파트가 아니라는 점이었습니다. 주변과 어울리고 두 구역이 자연스러운 경관을 만들 수 있었습니다. 비용은 수십억 원이 더 들어가야 하는 일이었습니다.

또 다른 제안은 임대아파트의 위치였습니다. 아래 구역과 우리 구역은 나란히 전철역에 인접했기 때문에 두 개 구역의 임대아파트를 가급적 전철역 인근으로 배치하자고 했습니다. 두 개 구역의 임대아파트가 붙어 있으면 시너지 효과도 있고, 그분들이 가장 전철역에 인접해 있어야 하는 분들이라고 조합을 설득했습니다.

서울시에서는 저희의 제안을 무척 반겼습니다. 도로체계도 좋아지고 임대아파트의 방향도 공공이 원하는 바라 '이것이 뉴타운 정신인데 일반 재개발구역에서도 이런 것이 가능하다면 너무 좋습니다'라고 하더군요. 인허가 기간 단축을 통해 사업비 절감도 가능했습니다. 저희 조합은 동의했기 때문에 옆 구역 설계회사와 협의를 진행했습니다. 하지만 옆 구역 설계회사에서 조합을 상대로 받아들이지 말아야 한다고 설득하더군요. 저희에게 설계권을 빼앗길 걸 우려했던 모양입니다.

서울시에서 이런 적극적인 역할을 공공건축가에게 기대하고 있는 것으로 알고 있습니다. 하지만 공공건축가가 모든 것을 해결할 수는 없습니다. 조합을 알고 그분들의 생각도 반영할 수 있는 분들이 공공건축가 풀pool에 들어가는 것이 좋겠다고 생각합니다."

조합원들에게 해 주고 싶은 이야기를 물어보았다.

"추진위를 이끌 사람으로 도덕적인 사람과 능력 있는 사람, 둘 중 한 명만 선택하라면 저는 능력 있는 사람을 뽑으라고 하고 싶습니다. 주민들의 입장에서 아무것도 안 하는 조합장이 가장 안 좋은 조합장입니다. 사업기간이 늘어날수록 주민들의 부담이 늘어나기 때문입니다. 조합장 선거는 지자체장 선거와 똑같습니다. 조합원들이 조합장을 잘 뽑지 않으면 인과응보라는 말처럼 결과를 책임져야 합니다."

설계회사의 역량

설계회사 선정과정이나 설계회사의 특징에 대한 입장도 들어 보았다.

"설계회사의 역량을 잘 판단해야 합니다. 조합장은 정실에 얽매이지 말고 조합원들은 설계회사가 나눠 주는 선물로 회사를 판단하지 말아야 합니다. 또 다른 의견으로는 재개발구역 용역 실적이 많고 적음이 꼭 중요한 판단기준은 아니라는 말을 하고 싶습니다. 개발의 다른 양태를 볼 수 있는 능력이 있는 회사여야 한다는 뜻입니다. 재개발 용역만 하는 회사는 다른 시각을 가질 수 있는 기회가 적다는 측면이 있습니다. 업무 영역의 포트폴리오가 다양한 회사가 조합을 설득할 능력도 있다고 생각합니다. 하지만 이것이 모든 경우에 적용된다고 판단하면 안 됩니다. 모든 것을 하나의 기준으로 규정해서는 안 됩니다. 마지막으로 인허가를 주로 하는 설계회사도 있지만 대부분 상품개발과 인허가를 같이 합니다. 설계회사가 상품개발에 더 집중할 수 있는 환경이 만들어져야 합니다."

시공사와 설계회사와의 관계에 대한 의견도 말해 주었다.

"시공사가 추천하는 용역사는 안 된다는 의견도 있는데 꼭 그렇지만은 않다는 점을 전하고 싶습니다. 용역사가 시공사로부터 자유롭지 못해 생기는 문제점 때문에 좋은 점들을 부정할 필요는 없습니다. 이 문제는 조금 분리해서 생각해야 합니다. 설계회사와 시공사가 호흡이 잘 맞으면 사업이 빨리 진행될 수 있고 상품성도 좋을 수 있습니다.

시공사와 조합이 반대 입장이라고도 생각하지 않습니다. 시공사도 리스크를 안고 사업을 하는 것이고, 분양이 되지 않을 경우 타격이 매우 큽니다. 시공비보다 토지비가 두 배 이상 높은 상황이기 때문에 분양이 잘되어야 조합도 좋고 시공사도 좋습니다. 이미 시공비에 대해서는 상당히 오픈되어 있습니다. 사후 검증도 할 수 있고요. 건축주가 집을 지을 때 설계자와 시공자는 모두 같은 배를 탄 사람들입니다."

설계회사의 역량을 활용하는 것은 조합원 모두의 몫이라는 것을 느끼며 이야기를 마무리했다.

주민과 구청은
서로 돕고 신뢰해야

　　주거정비사업의 일선에서 주민들을 가장 많이 만나는 구청 직원은 주거정비사업에 대해 어떤 의견이 있는지 알아보았다. 우선 다양한 인센티브를 만들어야 하는 것으로 이야기를 시작했다.

　　"현재의 기반시설 제공에 따른 인센티브제도는 개선할 필요성이 있는 것 같습니다. 기반시설로 대지를 일부 내놓고 나머지 대지에 대해서 용적률 상향을 해 주는 것이라 실질적으로 혜택이 있다고 말하기 힘든 측면이 있습니다. 서울시 정책을 잘 수용하는 경우 실질적인 인센티브를 줄 필요가 있습니다. 예를 들면 마포구 용강2구역처럼 한옥을 잘 보존한 경우라든지 공공시설을 잘 설치한 경우 실질적인 인센티브를 줄 수 있는 장치들이 있어야 합니다. 자연경관이나 문화유산 등을 잘 보존한 경우 등 특정하고 다양한 상황에 맞는 세밀한 인센티브를 생각해 보아야 합니다."

　　공공의 입장에서 반성하는 측면도 많다고 전했다.

"저는 주택경기가 좋을 때도 재개발 사업을 지켜보았고 나쁠 때도 지켜보았습니다. 하지만 사업성 저하에 공공도 책임이 있는 게 아닌가 반성해 봅니다. 한 예를 들면 재개발 사업은 구역 내 재산을 가진 모든 사람이 관리처분 방식을 따르는데 공공만 관리처분 방식을 따르지 않습니다. 예를 들면 한 조합원의 권리가액이 5억 원이면 5억 원만큼의 권리가 있습니다. 하지만 20년 된 20평짜리 공공건물의 권리가액이 5억 원이라면 조합 입장에서는 5억 원 이상을 지출해야 합니다.

예를 들면 새로 어린이집을 지을 때 20평으로는 제대로 기능하기가 어려우니 크게 지어야 한다고 요구합니다. 구역의 골목길에 있던 것들도 대로변 코너 위치를 요구합니다. 가정복지과나 노인복지과에서 어린이집이나 노인시설을 지을 때 흔히 일어나는 상황입니다. 기반시설 설치비율이 구역 면적의 10퍼센트 미만에서 지금은 20퍼센트 정도까지 올라갔습니다. 공공은 주민들의 입장이 되어 사업을 생각해 보아야 할 시점입니다."

사업을 반대하는 주민들의 입장에서는 구청은 늘 사업이 진행되는 쪽을 지원한다고 생각해서 갈등이 발생하는 문제에 대해 의견을 물었다.

"구청은 사업이 추진되는 걸 지원하는 게 맞습니다. 하지만 그 이유를 잘 알아야 합니다. 법에 의해 행정적 절차에 의해 추진되는 사업이 잘되도록 지원하는 게 구청 직원의 업무입니다. 기본계획에 의해 구역지정을 했고 추진위 및 조합 승인을 내준 주체입니다. 일부 주민들은 재개발을 한 후 세금을 많이 받으려고 구청은 추진위 편을 든다고 말하기도 합니다. 하지만 재개발구역에 있는 분들은 매우 다양합니다. 세입자도 보상을 받을 수 있는 분들은 재개발을 원합니다. 누가 어떤 식으로 어떤 목적으로 목소리를 내는지 쉽게 판단할 수 없습니다. 저희 입장에서는 사업의 진도가 나갈수록 업무량이 늘어납니다. 싸움도 나고 중재할 일도 많아집니다. 하지만 법에 의한 절차가 적절히 이루어지도록 하는 것이 저희의 기본 업무입니다."

조합 집행부에게 해 주고 싶은 이야기를 물었다.

"조합 임원은 공부를 많이 해야 합니다. 저는 늘 공부를 열심히 하고 딴짓하지 말라고 조합 임원들에게 이야기해 주었습니다. 비대위는 공부를 많이 합니다. 모르면 따지고 싶어도 따지지를 못하니까 인터넷을 찾아보고 사람들에게 물어보면서 공부합니다. 간혹 조합 임원은 정비업체에 물어보면 되니까 공부를 안 하는 경우가 있습니다. 조합원들이 임원들은 아무것도 모르는 허수아비라는 것을 느끼는 순간 조합 임원에 대한 신뢰가 무너집니다. 반면에 정말 열심히 공부하는 조합 임원을 본 적이 있습니다. 입법예고부터 체크하는 분이었는데 조합에 좋은 판단을 해 나가는 것을 보았습니다. 조합이 잘 알면 정비업체도 더 열심히 할 수밖에 없습니다."

신뢰의 중요성

현장 가까이에서 돈 때문에 생기는 많은 문제들을 지켜본 심정에 대해 물었다.

"조합 집행부는 처음에는 대부분 착한 사람들입니다. 하지만 사람이기 때문에 어쩔 수 없이 여러 유혹에 의해 나쁜 사람이 되어 가는 측면이 있습니다. 제가 본 조합 중 업체와 추진세력의 유착관계가 얼마나 무서운지를 보여 준 곳이 있습니다. 능력도 있고 정비사업에 대해 공부도 스스로 많이 해서 제대로 사업을 이끌 수 있는 역량 있는 분이 있었는데, 임원으로 사업에 참여하면서 조합의 문제점들을 파악하기 시작하며, 제대로 사업을 추진하기 위해 초기 계약업체들을 정리하기 시작했습니다. 기존에 계약된 것들은 지켜 주었고요. 하지만 그 업체들은 그 이후의 계약들까지 연결되어 있었기 때문에 이분에 대해 죄를 만들어 뒤집어씌우기 시작하더군요. 추석 전에 직원이 법무사에 대한 자금을 며칠 일찍 지불한 데 대해 배임죄를 만들었습니다. 압수 수색을 당한 후 법무사는 무죄를 받고 당사자만 유죄를 받았습니다. 임원직을 상실하자 비대위 측이 이분에 대한 영입을 시도했습니다. 하지만 그분은 양쪽 모두와의 관계를 냉정하게 끊었습니다. 하지만 자정 기능을 상실한 조합 집행부는 결국 다른 조합원들에 의해 소송에 직면하게 되었고, 이로 인해 사업기간이 길어지게 되었습니다. 결국 엄청난 사업비 증가에 따라 주민들의 부담이 증가하게 되었습니다.

반면 주민 스스로 초기 사업비를 해결해서 사업을 빨리 이끈 곳도 있습니다. 정확하게는 조합장이 2,500만 원 정도의 초기 사업비를 내서 진행한 곳입니다. 자력재개발구역으로 1973년 지정되어 일반 재개발구역으로 전환된 토지등소유자 273명의 작은 구역입니다. 이곳은 노후도 100퍼센트의 낙후된 구역이었습니다. 임원이 될 분들이 10장씩 추진위설립동의서를 받아 왔습니다. 구청과 시의 지원으로 초기 정비업체 비용을 절약할 수 있었습니다."

공공의 역할에 대한 구청 직원으로서의 의견을 물어보았다.

"공공의 어설픈 개입에 대해 공공 스스로가 날카로운 시선으로 평가해 보아야 합니다. 저는 최소한의 개입만 해야 한다면 공공이 계약과 자금 집행 관리만 해 주면 되지 않을까 싶습니다. 대략 20개 정도의 업체와 계약을 한다면 공공이 계약 심사하듯이 심사를 해 주고 자금 집행을 관리해 주면 어떨까 합니다. 물론 공공이 이런 부분을 책임진다는 게 쉽지 않겠지요. 조합 집행부가 비리를 저지르듯이 공무원도 잘못을 할 가능성도 있으니까요."

조합원들에게 당부하고 싶은 점도 잊지 않았다.

"조합원들 중 어설프게 들은 이야기들을 믿는 경우가 많습니다. 누구 말도 믿지 못하면 제가 누구 말을 믿을 건지 물어봅니다. 그러면 변호사가 이렇게 저렇게 말했다고 합니다. 그래서 제가 이렇게 말했습니다. 죄를 지은 사람도 죄가 없다고 해야 하는 게 변호사입니다. 변호사는 돈을 주는 사람의 편입니다. 구청의 말을 믿지 않으면 누구의 말을 믿겠다는 것입니까. 구청 직원들은 구청을 찾아오는 조합원들이 원하는 것과 알고 싶은 것을 잘 파악해서 원하는 것을 얻기 위한 절차를 잘 설명해 주어야 합니다. 조합원들에게 구청 직원의 말을 신뢰해 줄 것을 부탁드리고 싶습니다."

하지만 현실적으로 조합원 모두가 복잡한 정비사업을 이해하기는 힘든 점을 강조했다. 그래서 집행부를 잘 뽑는 것이 중요하다며 이야기를 마무리했다.

회계에서의 소통이란
목적에 적합한 기준에 의한 공개를 의미

:: 공인회계사 ::

흔히 많은 문제는 돈으로 시작해서 돈으로 해결된다는 재개발·재건축 사업과정에 대해 회계전문가의 의견을 들어 보았다.

조합을 위한 회계기준의 필요성과 진행과정에 대한 주제로 이야기를 시작했다.

"재개발·재건축 사업은 민간사업이기도 하지만 이해관계자가 다수이기 때문에 사회문제로 인식되는 사업이기도 합니다. 투명하게 사업이 진행될 수 있도록 공공이 많은 지원을 해 주어야 합니다. 실현되지는 않았지만 회계 투명성을 확보하고 회계감사를 적정하게 하기 위해 약 2년 전에 한국공인회계사회에서 국토해양부에 재개발조합을 위한 회계기준안을 제출해 제도화하고자 했으나 야당 안이 통과되는 바람에 제정되지는 못했습니다. 서울시는 「도시및주거환경정비법 조례」에 조합의 회계투명성을 위하여 통일된 기준안을 제정하려는 의도를 가지고 있는 것으로 알고 있습니다.

조합을 위한 회계기준의 필요성에 대해 자세한 설명을 부탁했다.

"조합원들은 조합의 업무에 대해 전반적으로 불신합니다. 사회적인 인식도 그렇습니다. 조합이 투명하고 합리적인 운영을 할 수 있도록 정비사업 조합만의 회계기준이 제정되어야 합니다. 현장의 실태를 파악해 보니 조합은 재개발 사업의 특성상 일반 회사와 다른 회계기준이 필요하다는 것을 알게 되었습니다.

조합 별도의 회계기준이 없다 보니 회계결과 보고를 해도 일반 영리기업에나 적합하고 전문가만 알 수 있는 측면이 있습니다. 조합원들이 알기 위해서는 별도의 노력이 필요한 방식이다 보니 불신이 생깁니다. 회계사나 세무사들이 조합에 맞지 않은 회계기준으로 일을 해 주거나 세법에 따른 결산만을 해 주기도 합니다. 즉, 정보를 이용하는 조합원들을 위한 것이 아니라 목적에 적합하지 않은 형식적인 보고가 되는 경우가 많습니다. 조합원에게 조합의 지출내역을 쉽게 알 수 있도록 해 주는, 정비사업 조합에 적합한 회계기준이 제정되어야 합니다. 공동주택에 맞는 회계기준이 제정되어 있는 것처럼 조합 실정에 맞는 회계기준을 만들어 주어야 합니다."

회계기준과 더불어 가장 기초적인 감사 행위라고 할 수 있는 내부 감사에 대한 의견을 들어 보았다. 즉, 조합 집행부의 감사의 역할과 현실에 대해 물었다.

"우선 내부 감사가 제대로 작동되기를 바랍니다. 어느 조직이든 내부 감사가 제대로 역할을 하기 쉽지 않다는 것은 사실입니다. 또한 감사를 맡으신 분들이 회계 전문가는 아니기 때문에 한계가 있습니다. 하지만 누구나 할 수 있는, 지출이 적정한지만 철저하게 해 주면 조합 집행부가 조심해서 돈을 쓸 수 있습니다. 필요한 경우에는 문제제기도 해 주어야 합니다. 신월·신정1-4구역의 감사는 매월 또는 분기마다 조합의 지출내역을 확인하고 내부 감사보고서를 매번 10~15페이지 정도로 자세히 보고하는 것을 보았습니다. 공인회계사가 하는 외부 감사는 내부 감사와 성격이 다릅니다. 회계처리기준에 적절하게 사업을 진행했는지 위주로 감사합니다. 돈이 효율적으로 사용되었는지 비효율적으로 사용되었는지 혹은 안 써도 되는 부분에 돈을 썼는지를 따지는 부정 감사를 목적으로 하지 않습니다. 조합의 비용이 적정하게 사용되고 있는지는 내부 정보에 밝은 내부 감사가 역할을 하는 게 좋을 겁니다."

회계업무를 하면서 현실에서 경험한 사례들에 대해 들어 보았다.

"경조사비로 예를 들겠습니다. 소액 지출이나 조합원 정서상의 문제로 불신이 생기지 않으려면 정확한 규정을 문서화해 두는 것이 좋습니다. 예산에 편성되어 있어도 명확한 집행 기준이 없으면 감정이 상하고 시끄러울 수 있습니다. 조합원들이 많은데 어느 조합원의 경조사에는 성의를 표시하고 어느 조합원은 안 할 경우 문제가 됩니다. 거래처, 임원 및 대의원, 주위 조합 등 정확하게 정의를 해놓고 사용하면 논쟁이 생기지 않을 수 있겠지요. 어떤 조합에서 이것으로 오해가 생겨 조합에 조합원이 문제를 제기하는 경우를 보았습니다. 조합원들은 금액의 문제라기보다 원칙과 정서에 맞지 않는 지출일 경우, 문제를 제기하는 경우가 많습니다. 문제는 사소한 곳에서도 생길 수 있다는 것을 명심해야 합니다."

조합 집행부에게 해 주고 싶은 이야기를 들어 보았다.

"회계에서의 소통이란 목적에 적합한 기준에 의한 공개를 의미합니다. 그리고 조합원들에게 조합의 지출행위에 대해 조합원이 요구하기 전에 조합이 먼저 자세히 알려 주면 오히려 긍정적인 효과가 나타나는 경험을 한 적이 있습니다. '이렇게까지 자세히 알려 주는데 문제가 있겠느냐'라고 생각합니다. 물론 일부는 자세히 공개된 것을 가지고 불필요한 문제제기를 할 수도 있으나 긍정적인 면이 클 것으로 판단하고 있습니다. 요즘은 비대위들이 많은 정보에 노출되고 서로 정보를 교환하기 때문에 다른 조합에서 공개된 정보가 공개되지 않을 경우, 조합을 불신하고 조합원을 선동하여 공격하는 원인이 되기도 합니다. 조합원들에게 돈의 사용방법과 결과에 대해 수시로 상세하게 설명하는 게 중요합니다. 회계 관련된 보고는 사업 진행과정에 대한 메시지를 제공하여 조합원의 신뢰를 얻는 행위입니다."

조합 집행부가 주의해야 할 점

조금 구체적으로 조합 집행부가 주의해야 할 점을 부탁했다.

"예산 편성 때 가장 기본은 클린업 시스템의 연간자금운용계획과 월별입출금 지출내역상의 과목을 기본으로 편성해야 하며, 클린업 보고내용과 매년 결산보고상의 내역이 상호 일치해야 합니다. 둘째는 예산을 세웠으면 예산과 결산을 상호 대조하여 비교할 수 있도록 결산보고가 되어야 합니다. 예를 들면 총회 승인 없이 사용하거나 사후 승인을 받을 경우에는 「도정법」 위반으로 문제가 제기되기도 합니다. 소송비의 경우 갑작스럽게 발생되는 비용이기에 사후 승인으로 문제가 될 수 있는 지출입니다. 사업비를 집행할 때 주의할 점은 계약서에 정한 지급시기 이전에 선지급을 하면 문제가 발생할 수 있습니다. 또한 임

직원의 개인적인 소송비용을 사업비로 써서는 안 된다고 법원은 판단하고 있습니다.”

공공의 역할에 대해서는 다음과 같이 덧붙였다.

“회계기준의 제공 외의 다른 측면을 이야기하자면, 공공이 용역 계약비 및 절차, 업무표준화를 제공한다면 조합에 큰 도움이 될 것입니다. 공공이 직접 통제를 하기보다는 공공이 일반화된 기준을 제시하고, 조합원은 그 기준을 참고하여 스스로 통제를 할 수 있다면 가장 바람직하다고 생각합니다. 표준화의 장점은 표준화가 되어 있으면 조합원 스스로 집행부를 견제할 수 있다는 것입니다. 용역비에 대한 표준이 있고 표준계약서가 있다면 좋을 것입니다. 계약내용에 대해 제3의 자문기관이나 공공에서 검토를 해 준다면 분란이 많이 줄어들 것입니다.

다음으로는 조합 집행부에 대한 교육을 공공이 제공해 주는 것입니다. 현재는 조합장들이 각종 정비사업 관련 단체에서 교육을 받고 있습니다. 조합장들에게 용역 계약 시 주의사항, 용역 업무 범위 등에 대한 교육을 해 주면 좋을 것입니다. 단순히 용역비가 저렴하더라도 용역 범위가 제한되어 있다면 액수가 중요하지 않다는 것 등 상대적인 점을 이해할 기회가 될 수 있을 것입니다. 클린업 시스템 교육하듯이 해 주면 좋겠지요. 공공에서 지원을 해 줄 때 전문가의 역할이 중요합니다. 전문가 중에도 실무와 동떨어진 이론만 겸비한 전문가보다 실무적인 문제점을 알고 있는 전문가들이 역할을 많이 해야 합니다. 비전문가가 전문가인 양 현실과 동떨어진 대안을 내놓으면 실무에서 일하는 정비사업 조합에 업무만 가중시킬 수도 있습니다.”

마지막으로 조합원들에게 해 주고 싶은 이야기를 부탁했다.

"조합원들이 가장 주의해야 할 점은 사실관계를 정확히 파악하는 겁니다. 흔히들 팩트Fact를 모르고 헛소문이나 유언비어에 휩싸이는 경우가 많습니다. 모르는 사람끼리 모르는 사실을 놓고 논쟁이 벌어집니다. 모르면 용감하다고, 조합원들이 대단히 심각한 문제라고 이야기하는 것들을 자세히 들어 보면 대부분 오해하고 있는 사실들입니다. 조합원들 중에 소위 학식이 높고 전문가인 사람들도 잘못된 정보를 믿는 경우가 많습니다. 조합원들의 역할은 집행부 견제도 있지만 협조도 매우 중요합니다. 자신들의 재산이니 재산을 지킬 수 있도록 노력해야겠죠. 시공사나 협력업체, 용역업체인 기업들은 나쁜 사람들도 아니고 조합을 위해 희생을 해야 되는 사람들도 아닙니다. 재개발 사업은 결국 일시에 거액의 돈이 들어가는 사업이라는 것을 알아야 합니다. 마지막으로 주민은 전문가가 아니라는 점입니다. 비합리적인 관심은 무관심보다 못할 경우도 있을 수 있다는 사실을 인지하고 있어야 합니다. 그 바탕에서 주민들이 합리적인 관심을 조금만 기울여 준다면 사업이 효율적으로 진행되는 데 큰 힘이 될 겁니다."

정비사업 조합을 위한 회계기준이 빠른 시일 내 만들어지기를 기대하면서 이야기를 마무리했다.

내가 비대위가 된 이유

:: 사업 반대 주민 ::

어느 구역이나 사업을 반대하는 주민들은 있기 마련인데 그 이유들도 다양하다. 이 사람들의 입장이 되어서 비대위가 된 이유를 들어 보는 것은 사업을 하고자 하는 사람들에게는 필수적인 일일 것이다. 사업 반대 주민을 만나 어떻게 사업에 반대하는 일에 참여하게 되었는지부터 물어보았다.

"우리 구역은 2003년 가칭 추진위 시절부터 시공사가 정해져 있었습니다. 추진위 승인이 난 후 가계약서를 썼죠. 2008년 조합 승인이 난 후 그 시공사를 추인했습니다. 제가 부동산업자일 때 저도 사업을 지원했던 사람 중의 한 명입니다. 2005년 제가 동의서를 걷어다 주기도 했으니까요. 하지만 재개발에 대해 공부를 하다 보니 현실이 생각과 다르다는 걸 알게 되었습니다. 조합원들이 취할 이윤을 시공사나 용역사가 지나치게 가져간다는 걸 안 거죠. 이런 문제를 조합이 제어해 주고 시공사에 휘둘리지 않기를 바랐지만 조합은 그런 역할을 하지 못했습

292

니다. 제 아버님 집은 다가구주택이었는데 세를 받으면서 노후를 보내고 계신데 정당한 보상을 받지 못한다는 걸 알게 되었죠. 2008년경에 전국비대위연합이라는 비대위 단체가 만들어지게 되자 조직의 일원으로 활동을 시작했습니다."

비대위 조직의 특징이나 운영방식에 대해 물었다.

"다양한 사람들이 모여 운영하다 보니 입장이나 싸우는 방식이 조금씩 다릅니다. 재개발의 문제점을 고쳐 가면서 사업을 하자는 분도 있고 무조건 반대하는 분도 있습니다. 서울 등 부동산 경기가 그나마 있는 곳과 경기도나 인천 등 부동산 경기가 더 좋지 않은 곳의 비대위 간에 입장이 다릅니다. 전국비대위연합에서 분화된 주거대책연합이라는 곳도 있습니다. 2013년에는 뉴타운재개발 공생포럼이라는 곳도 결성되었는데 서로 생각들이 다릅니다. 또 비대위 조직과 세입자 운동하는 분들과는 서로 관련이 없습니다. 물론 세입자 운동과 비대위는 서로에게 필요한 것들을 공유하는 측면이 있습니다. 세입자 운동은 시민단체 등이 활동을 하기 때문에 정치력이 있습니다. 비대위는 가치를 가진 조직이 아니기 때문에 성격이 조금 다릅니다. 물론 비대위 조직의 대표 중 일부는 이념이나 복지에 관심을 가지고 있지만 많은 분들은 그렇지 않습니다. 이 때문에 필요한 상황에서만 서로 힘을 합치고 이용하기도 합니다."

비대위가 된 사람들이 다양한 이유가 있는 것 같다고 하자 비대위 유형을 설명해 주었다.

"비대위도 다양한 유형이 있습니다. 주거환경이 양호하거나 임대수익이 높아 사업 추진 자체를 반대하는 분들도 있고, 종전자산 평가에 대한 불만으로 반대하기도 합니다. 또 추진위원장이나 조합장 등 주도권 싸움에서 진 경우 비대위가 되는 경우가 있고, 뉴타운이나 재개발 반대 활동을 통해 자신의 명예를 높이려고 하는 경우도 있습니다. 마지막으로 재개발구역에 자신의 물건이 없는데 다른 구역에서 직업으로 비대위 활동을 하는 경우가 있습니다."

비대위가 되는 이유에 대해 좀 더 구체적으로 이야기를 나누어 보았다.

"저희 조합장은 재개발을 시작할 무렵 시공사를 안고 들어온 부동산업자입니다. 처음 2~3년 동안은 아버님의 친구로서 잘 지냈습니다. 같은 나이시거든요. 하지만 한번 신뢰하지 못하니 계속 신뢰할 수 없는 일들이 생기더군요. 계약서상에 공사비는 물가상승률만 반영하기로 되어 있었는데 공사비 항목 변동 없이 공사비가 상승했습니다. 원주민들이 재개발에 대해 불안해하는 이유는 이주할 무렵 시공사가 자신들이 감당할 수 없는 정도로 공사비를 증액할까 봐 그렇습니다.

또 다른 그룹은 큰 주택과 상가를 가진 분들인데 자신들의 재산에 대한 정당한 감정평가를 못 받는다고 봅니다. 청산을 고려해서 감정평가금액을 미리 낮게 책정했다고 생각합니다. 사실 저는 젊으니까 몇 천만 원 손해 볼 수도 있습니다. 몇 천만 원 정도면 비대위 활동하는 시간에 돈을 벌어 상쇄할 수 있어요. 저는 사업이 망하더라도 저희 집안의 손해를 최소화할 수 있는 자신이 있지만 나를 믿고 따른 사람들을 나 몰라라 하고 버릴 수는 없습니다. 특히 나이 드신 할머니나 할아버지들을 버릴 수가 없습니다. 그래서 그만두고 싶어도 그만둘 수가 없습니다.

제가 하고 싶은 일은 비대위가 없는 세상을 만드는 겁니다. 그런 일에 목매는 사람이 없었으면 좋겠습니다. 경제적으로 정신적으로 피해가 크고 무엇보다 사람이 피폐해집니다. 나이 드신 분들이 주거환경개선도 하면서 삶을 영위할 수 있도록 하고 싶은데 이도 저도 안 돼 속상합니다. 사실 활동을 해도 조합이 해산되지도 않고 구역이 해제되지도 않고 있기 때문에 추진하는 측이나 해산하려고 하는 측 어느 측도 도움이 안 됩니다. 그래서 비대위 활동하는 분들이 날카롭고, 상대편의 이야기를 들으려고 하지 않습니다. 생각도 자꾸 닫히는 느낌입니다. 그분들은 사람으로부터 배신당한 경험이나 좌절감이 많습니다. 그래서인지 사회에 대한 악감정만 생기는 것 같습니다.”

비대위에 대한 부정적인 시각을 어떻게 생각하는지 물었다.

“사업을 막지 못하게 되면 피해를 최소화하는 단계로 갑니다. 흔히 2라운드로 접어든다고 합니다. 현실에서 현금 청산자가 많아 사업에 어려움이 있는 것은 알지만 정당한 보상을 요구하는 것을 무조건 비난하기는 어렵다고 봅니다.”

비대위로서 세입자 운동에 대한 입장은 어떤지 들어 보았다.

“전철연(전국철거민연합)이나 전철협(전국철거민협의회) 등은 원래 상가 세입자 출신들이 만든 조직입니다. 하지만 본래의 성격을 잃고 변질되었다고 생각합니다. 조직을 유지하려고 하다 보니 수입이 있어야 하고 생계형으로 활동하게 되면서 비합리적인 부분들이 생기는 겁니다. 사실 현실에서는 세입자와 비대위가 연계할 이유는 없는데 보상 싸움을 하다가 서로 뒤섞이면서 엉킵니다.”

비대위의 한 명으로서 사업에 반대하는 사람들에 대한 의견이나 불만이 있는지 물어 보았다.

"반대하는 주민들은 무임승차하려는 경향이 있는 것 같습니다. 조직을 만드는 이유는 혼자 반대하기가 힘들기 때문입니다. 비대위 조직은 관리하기가 어렵습니다. 오늘 찬성하다가 내일 반대하고 다시 그다음 날 찬성하기도 합니다. 사업 단계가 모든 구역마다 틀려서 관심사가 틀립니다. 하지만 정보 교류를 하면서 서로 도움을 주고받습니다. 구역마다 조금씩은 다르지만 반대의 주축은 1990년대 초반에 지어진 다가구주택 주인들이라고 생각합니다. 일정 부분 불법으로 지어서 용적률도 높아요. 비대위의 80퍼센트는 돈 문제이고, 20퍼센트 정도만 고향 같아서 혹은 집에 대한 애착 때문에 반대한다고 생각합니다. 조합이 큰 비리가 있는 경우를 제외하면 사업을 하려고 하는 측이나 비대위나 입장이 다른 것일 뿐이라고 생각하면 됩니다. 대부분 화를 풀지 못하는 분들이 아직 남아 있다고 보시면 됩니다."

사업을 하려고 하는 분들에게 해 주고 싶은 이야기가 있는지 물어보았다.

"개발 자체를 부정하지는 않습니다. 또 이미 많은 분들이 아파트 문화에 익숙해져 있다고 생각합니다. 저도 조합설립동의서를 걷어 준 이유가 모든 주민이 다 정착하지는 못하더라도 어느 정도는 이익도 보고 재정착도 할 수 있다고 판단했기 때문입니다. 하지만 어느 순간 사업성이 낮아졌고 재개발 자체가 주민들에게 피해를 준다는 것을 알고 난 뒤로는 찬성할 수가 없습니다. 노인분들이 감당할 수 없는 짐을 지게 되어서는 안 된다고 생각합니다."

마지막으로 앞으로의 정비사업 방향 등에 대해 의견을 물어 보았다.

"소득 등 구역에 대한 세밀한 조사를 했으면 좋겠어요. 도시계획도 천천히 장기적으로 세워 주었으면 좋겠습니다. 또 노인층들이 감당할 수 있는 주택에 대해 고민을 많이 했으면 해요. 예를 들면 60~70대는 생각보다 요구하는 주거공간이 넓습니다. 반면에 복잡한 첨단 기능은 필요 없다고 생각합니다."

주거에 대한 생각들은 전문가나 일반인들이나 모두 고민해야 할 부분이지만 해당 구역 주민들의 의견을 상세히 반영하는 문제는 앞으로 재개발 사업이 고려해야 할 부분임에는 분명하다.

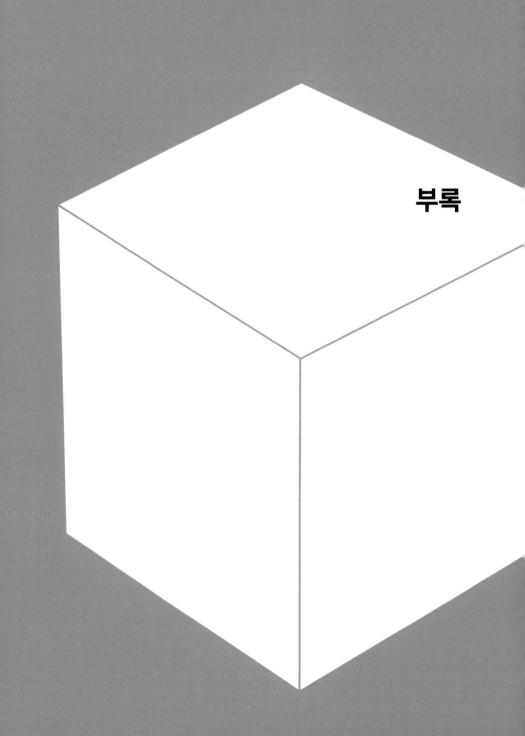

부록

취재 구역 개요

마포구 현석제2주택재개발구역

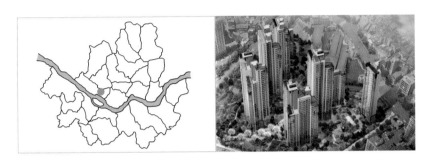

이 구역은 한강 변에 인접한 곳으로 개발 전에는 도시가스도 들어오지 않는 노후된 지역이었다. 추진위가 승인된 후 약 5년 만에 착공해 현재 공사 중이다. 조합원 수가 400여 명 정도로 많지 않았지만 추진위 구성까지 오랜 시간이 걸렸다. 하지만 추진위 승인 후에는 주민들의 협력과 사업성 확보로 사업이 잘 진행되고 있다.

사업 추진 과정

2008. 01. 29	조합설립추진위원회 승인
2009. 11. 05	정비구역 지정고시
2010. 02. 03	조합설립인가
2011. 12. 08	사업시행인가
2012. 07. 26	관리처분계획인가
2013. 05. 30	착공

사업 개요

- 위치: 마포구 현석동 108번지 일대
- 면적: 38,370㎡
- 계획세대 수: 763세대(임대 130세대 포함)

성북구 정릉·길음제9주택재개발구역

양광대 시장, 성당, 수녀원 등 상당히 다양하고 복잡한 현황을 가지고 있는 지역이었으나 다양한 그룹들의 의견을 모으고 정리하면서 사업을 진행시켰던 곳이다. 시장 상인들과 종교시설과의 협의를 잘했고, 도로계획변경과 수많은 대토작업을 통해 구역의 경계를 정리하면서 사업성을 만들어 갔다.

사업 추진 과정

2005. 05. 12	정비구역 지정고시
2005. 09. 15	조합설립인가
2005. 12. 22	사업시행인가
2007. 06. 29	관리처분계획인가
2007. 08. 01	착공
2010. 09. 30	준공

사업 개요

- 위치: 성북구 정릉동 10번지 일대
- 면적: 67,093㎡
- 계획세대 수: 1,254세대(임대 242세대 포함)

마포구 상수제1주택재개발구역

사업 초기과정에서 외부용역요원을 가급적 활용하지 않고 주민들을 직접 만나면서 사업 동의를 받았다. 힘든 과정이었지만 신뢰를 구축할 수 있었다. 하지만 시공사와의 협상은 사업의 전체 과정에서 가장 아쉬운 부분이라고 했다. 조합장의 역할에 대해 많은 의견을 들려준 곳이기도 하다.

사업 추진 과정

2004. 07. 27	조합설립추진위원회 승인
2008. 02. 22	조합설립인가
2009. 01. 15	사업시행인가
2011. 10. 24	관리처분계획인가
2012. 05. 04	착공

사업 개요

- 위치: 마포구 상수동 160번지 일대
- 면적: 22,992㎡
- 계획세대 수: 429세대(임대 73세대 포함)

중랑구 면목제2주택재건축구역

이 구역의 조합장은 기존 조합의 운영에 문제를 제기하면서 조합장이 된 신세대 조합
장이다. 작은 규모의 구역 특성을 살려 조합을 효율적으로 운영하고 주민들과 소통하
려고 했다. 이주를 앞두고 바비큐 마을 잔치를 열기도 했다. 현재 공사 중이다.

사업 추진 과정

2007. 02. 09	조합설립추진위원회 승인
2007. 10. 30	조합설립인가
2008. 08. 14	사업시행인가
2011. 06. 25	조합장 보궐선거(현 조합장 당선)
2012. 05. 03	관리처분계획인가
2013. 03. 20	착공

사업 개요

- 위치: 중랑구 면목동 1447번지 일대
- 면적: 16,790㎡
- 계획세대 수: 265세대(재건축소형주택 9세대 포함)

서대문구 가재울뉴타운제2재정비촉진구역

가재울뉴타운 중에서 빠르게 사업을 진행한 구역으로, 조합 집행부가 조합원들을 진심으로 대했던 것과 시의 정책적인 지원이 상승작용을 한 구역이다. 뉴타운 지정 후 상가 지역이 구역 안으로 포함되었지만 상가 조합원들의 입장을 잘 배려해 사업을 진행했다.

사업 추진 과정

2005. 01. 15	가좌뉴타운지구개발기본계획 고시
2005. 05. 17	조합설립추진위원회 변경 승인
2005. 08. 11	정비구역 지정고시
2005. 09. 13	조합설립인가
2005. 12. 30	사업시행인가
2006. 05. 23	관리처분계획인가
2009. 06. 02	준공

사업 개요

- 위치: 서대문구 가재울뉴타운 240번지 일대
- 면적: 25,884㎡
- 계획세대 수: 473세대(임대 100세대 포함)

구로구 개봉제1주택재건축구역

저지대라 비가 많이 내리면 고무보트를 타고 다닐 정도였다. 상습침수지역에서 벗어나려고 주민들이 사업방식을 찾기 위해 노력했다. 재건축구역으로 지정받기 위해 우선 재해관리구역으로 지정받았고 재건축 사업을 통해 빗물 저류시설을 확보했다.

사업 추진 과정

2005. 07. 15		재해관리구역 지정
2006. 12. 13		조합설립추진위원회 승인
2008. 02. 14		정비구역 지정고시
2008. 05. 01		조합설립인가
2010. 04. 01		사업시행인가
2011. 07. 21		관리처분계획인가
2011. 12. 21		착공

사업 개요

- 위치: 구로구 개봉동 90-22번지 일대
- 면적: 46,008㎡
- 계획세대 수: 978세대(소형주택 115세대 포함)

동대문구 휘경제2주택재개발구역

토지등소유자가 140명으로 크지 않은 구역이었지만 두 추진세력이 대립해 사업이 지체되던 곳이다. 하지만 주민들이 단합하여 문제를 해결하고 시공사를 결정했다. 이후 깨끗한 조합 운영으로 사업을 진행해 조합원들이 만족하는 사업을 진행했다.

사업 추진 과정

2004. 07. 02	조합설립추진위원회 승인
2006. 01. 12	정비구역 지정고시
2006. 08. 03	조합설립인가
2007. 07. 26	사업시행인가
2008. 01. 31	관리처분계획인가
2008. 06. 16	착공
2010. 12. 15	준공
2011. 10. 28	조합 해산

사업 개요

- 위치: 동대문구 휘경동 65번지 일대
- 면적: 15,565㎡
- 계획세대 수: 297세대(임대 51세대 포함)

송파구 풍납우성아파트재건축구역

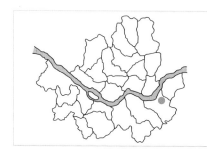

조합설립동의율 100퍼센트로 사업이 진행되고 있는 구역이다. 잠실아파트지구개발
기본계획에서 두 개의 아파트가 5주구로 지정되었다. 상대적으로 규모가 작은 아파트
는 동·호수 배정에 불안감을 가졌기 때문에 통합 개발에 어려움이 있었다. 이를 협약
서를 통해 극복해 나갔다.

사업 추진 과정

2002. 07.	풍납우성 조합설립추진위원회 승인
2003. 12. 30	삼용 추진위원회 승인
2005. 12. 15	서울시 잠실아파트지구개발기본계획 확정고시
2009. 12. 14	풍납우성아파트재건축조합설립인가
2012. 01. 05	조합설립변경(통합)인가
2013. 07. 16	서울시 건축심의 완료

사업 개요

- 위치: 송파구 풍납동 388-7, 389
- 면적: 24,036㎡
- 계획세대 수: 697세대(장기전세주택 95세대 포함)

양천구 신정1재정비촉진1-1주택재개발구역

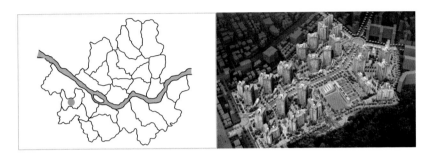

현재 정비계획을 변경하는 중이고 많은 일들이 있었던 구역이다. 정비계획변경 후 사업시행인가와 관리처분변경인가의 절차를 진행해야 한다. 갈등이 많은 구역이기 때문에 이 구역에 대한 평가는 사업이 끝난 후 할 수 있겠지만 다른 구역에서 공유할 만한 많은 일들이 있는 구역이다.

사업 추진 과정

2005. 03. 17	신월 · 신정뉴타운 개발기본계획 공고
2005. 05. 25	조합설립추진위원회 승인
2006. 10. 30	조합설립인가
2009. 12. 18	사업시행인가
2011. 11. 15	관리처분계획인가
2013. 07. 08	도시재정비위원회 자문 촉진계획변경 진행 중

사업 개요

- 위치: 양천구 신월6동 581-1번지 일대
- 면적: 174,799㎡
- 계획세대 수: 3,046세대(임대 539세대 포함) 재정비촉진계획 변경(안)

은평구 불광제6주택재개발구역

은평구 불광6구역은 예전에 독박골로 불리던 지역이다. 이 동네는 가난한 사람들과 때로는 사업에 실패한 사람들이 정착하기도 하는 외딴 동네였다. 투명한 조합 운영으로 불광 지역의 다른 구역보다 사업이 빨리 진행되었으나 학교 문제로 현재까지 청산을 하지 못하고 있다.

사업 추진 과정

2005. 05. 19	정비구역 지정고시
2005. 09. 30	조합설립인가
2006. 10. 23	사업시행인가
2007. 10. 24	관리처분계획인가
2008. 02. 29	착공
2010. 08. 30	준공
2011. 12. 23	조합 해산

사업 개요

• 위치: 은평구 불광동 1-200번지 일대
• 면적: 41,157㎡
• 계획세대 수: 782세대(임대 135세대 포함)

성북구 길음제8주택재개발구역

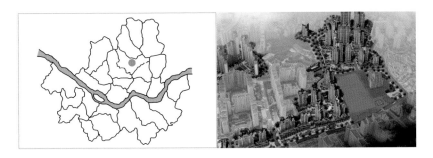

길음 뉴타운 내에 위치하며, 지역의 숙원이었던 고등학교를 구역 내에 유치했다. 사업성이 좋던 시절의 혼탁했던 재개발 사업의 환경 속에서 우여곡절을 거치기도 했다. 주변 지역의 민원을 조합, 시공사, 구청이 힘을 합쳐 합리적으로 해결하고 이익까지 만들어 내는 결과를 만들었다.

사업 추진 과정

2005. 05. 12	정비구역 지정고시
2005. 10. 24	조합설립인가
2006. 05. 30	사업시행인가
2007. 04. 06	관리처분계획인가
2011. 01. 04	준공

사업 개요

- 위치: 성북구 길음동 612-10번지 일대
- 면적: 104,449㎡
- 계획세대 수: 1,617세대(임대 120세대 포함)

성동구 행당제5주택재개발구역

투명한 조합 운영 덕분에 클린업 시스템을 만들기 위한 시범구역으로 구청이 추천했
고 조합은 이에 적극적으로 협조했다. 사업과정 중에 종교시설과의 협상에 어려움도
있었으나 자발적으로 종전자산 평가금액을 우편으로 보내는 등 조합원들에게 적극적
으로 다가갔다.

사업 추진 과정

2004. 01. 10		조합설립추진위원회 승인
2005. 07. 04		조합설립인가
2006. 10. 26		사업시행인가
2008. 08. 07		관리처분계획인가
2008. 11. 04		착공
2011. 05. 02		준공

사업 개요

- 위치: 성동구 행당동 337번지 일대
- 면적: 28,231㎡
- 계획세대 수: 551세대(임대 94세대 포함)

서초구 반포주공1단지(1,2,4주구)주택재건축구역

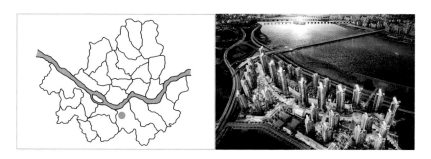

공공관리제도로 예비추진위원장과 감사를 선출했고 추진위원회도 구성했다. 선거 지원을 받은 구역 중 낙선자가 사업을 반대하지 않은 구역이다. 조합설립은 동의율 확보가 안 된 한 개 동을 제외하고 인가되었다.

사업 추진 과정

2011. 05. 19	안전진단 통과
2011. 10. 22	(예비)추진위원회 위원장, 감사 선거
2011. 12. 28	조합설립추진위원회 승인
2013. 09. 10	조합설립인가

사업 개요

- 위치: 서초구 반포동 812번지 일대
- 면적: 345,301㎡
- 계획세대 수: 3,012세대(허용세대 수 1.421배 제한 적용 계획안)

마포구 용강제2주택재개발구역

용강동 일대는 조선시대의 마을이 존재하던 곳이다. 보존가치가 있는 한옥을 살리면서도 낙후된 주거환경을 개선하고자 많은 사람들이 머리를 맞대고 고민했다. 한옥의 운영에 대한 고민은 있지만 특색 있는 아파트가 될 것으로 기대하고 있다.

사업 추진 과정

2004. 06. 20	기본계획 고시
2004. 07. 23	조합설립추진위원회 승인
2008. 06. 26	정비구역 지정고시
2008. 09. 08	조합설립인가
2009. 01. 08	사업시행인가
2011. 08. 11	관리처분계획인가
2012. 03. 21	착공

사업 개요

- 위치: 마포구 용강동 285번지 일대
- 면적: 31,351㎡
- 계획세대 수: 563세대(임대 97세대 포함)

강동구 고덕시영아파트재건축구역

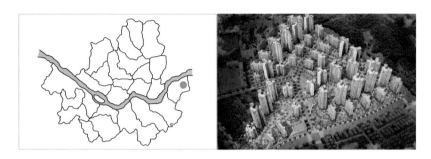

대규모 아파트 재건축단지의 이주는 하나의 마을이 이사를 가는 것과 같은 영향을 끼친다. 구에서는 이주할 주민들이 필요한 서비스를 현장에서 원스톱으로 제공해 편의를 도왔고 주변 전셋값의 상승을 방지하고자 노력했다. 구청의 이러한 새로운 아이디어는 이후 다른 구와 구역에서도 활용되고 있다.

사업 추진 과정

2003. 10. 29	조합설립추진위원회 승인
2006. 03. 23	기본계획 결정 · 고시
2009. 10 .08	조합설립인가
2011. 04. 05	사업시행인가
2010. 01. 10	관리처분계획인가
2013. 01. 23	사업시행변경인가 고시. 현재 철거 중

사업 개요

- 위치: 강동구 고덕동 670번지 외 10필지
- 면적: 194,302㎡
- 계획세대 수: 3,658세대(소형 215세대 포함)(허용세대 수 1.421배 제한 적용 계획안)

서울시 6대 현장공공지원 강화책

　서울시가 뉴타운 수습방안으로 내놓은 실태조사가 2013년 11월 현재 대부분 마무리되는 가운데, 그 후속대책으로 정비사업 현장에서 답을 찾고 공공지원을 강화하는 '6대 현장공공지원 강화책'을 추진한다.

　그동안의 정책이 정비사업을 추진할지 말지 결정하는 첫 단추를 잘 뗄 수 있도록 지원하는 데 무게를 두었다면, 앞으로는 모든 단계에 걸쳐 공공의 역할을 강화할 예정이다.

　여기에는 정비예정구역으로 지정됐지만 아직 사업 진로를 결정하지 못한 구역부터 추진위나 조합은 구성됐지만 다양한 문제로 사업이 지연된 구역, 또 사업이 순조롭게 진행되는 구역, 해제를 선택한 구역까지 공공의 지원이 필요한 모든 뉴타운·재개발 정비사업구역이 해당된다. 구체적으로 아래와 같은 지원이 이루어질 예정이다.

현장공공지원 강화책

1. 진로 결정 지원
2. 모범 조합 투명협약 체결 및 금리인하 인센티브, 공공건축가 참여
3. 정비사업 닥터 및 사업관리자문단 파견
4. 상생토론회 개최
5. 조합 운영 실태점검
6. 해제구역에 대한 지원 정책안내와 대안사업 추진

1. 진로 결정 지원

실태조사를 통해 추정분담금을 제시했음에도 불구하고 여전히 진로 결정을 두고 주민 간 갈등이 있는 구역에 대해서는 정비구역 안에 '이동 상담부스'를 설치, 실태조사관이 직접 찾아가 상담을 지원한다. 지금까지는 동주민센터에만 상담부스를 설치·운영해 주민들이 찾아오도록 했다면, 앞으로는 시가 직접 현장을 찾아가는 체계로 전환하는 것이다. 이동 상담부스에선 추정분담금에 대한 이해를 돕고 주민 스스로 결정할 수 있게 각종 정보를 알려 주는 역할을 한다.

2. 모범 조합 투명협약 체결 및 금리인하 인센티브, 공공건축가 참여

모범 조합을 선정해 공공자금 대출 금리를 최저 1퍼센트대로 낮춰 주는 인센티브를 제공하고자 한다. 기존 4.5퍼센트인 신용대출 금리는 1.5퍼센트 정도 낮은 3퍼센트에, 3퍼센트대인 담보대출 금리는 1퍼센트 융자를 지원한다. 이렇게 되면 신용대출의 경우 구역당 최고 30억 원을 융

자 받는다고 할 때 연간 4,500만 원의 사업비가 절감된다.

서울시는 2013년에 34곳에 150억 원을 융자 지원했고, 2014년에는 350억 원의 예산을 편성해 필요한 곳에, 적기에 융자할 계획이다.

또한 공공건축가 참여로 사업기간을 단축하고 디자인 개선을 추진하고자 한다. 공공건축가를 총괄계획가MP로 참여시켜 정비계획수립 단계부터 도시계획위원회 심의 완료까지 계획 일관성을 통한 사업기간 단축은 물론 도시경관과 주택 품격 향상 등 디자인 개선을 지원할 예정이다. 그동안 자치구에서 전문가 자문을 실시했으나 계획의 적정성 검토와 조정의 한계가 있었고, 또 주민의 사업성 확보 요구 등으로 관련 부서 협의 및 도시계획위원회 심의가 장기화돼 지속적으로 민원이 발생하는 문제가 있었다. 공공건축가는 기존 추진 구역의 경우 건립예정 가구수가 2,000세대 이상인 곳과 신규 추진 구역은 전체 구역에 참여할 예정이다.

3. 정비사업 닥터 및 사업관리자문단 파견

사업 진척은 없으면서 주민 부담만 가중되고 있는 사업 지연 구역엔 '정비사업 닥터'와 '사업관리자문단' 등 전문가를 파견해 사업 정상화를 돕는다. 2년 이상 사업이 지연되고 있는 구역은 180곳으로, 이 중 5년 이상 지연 구역은 52곳이다.

예컨대 2년 이상 지연된 구역 중 복합적인 갈등이 있는 곳엔 '정비사업 닥터'를 파견하고, 3년 이상 지연된 구역은 조합, 시공사, 정비업체 등 이해관계자와 '상생토론회'를 개최해 공공이 지원할 수 있는 방안을 마련해 조속한 정상화를 돕는다.

공사 중 설계변경으로 인한 공사비 증액으로 인해 사업이 지연되는 곳은 건축사 및 기술사 등으로 구성된 '사업관리자문단'이 공사비 산출이나 설계변경 증액의 타당성 검토 등 사업성 향상을 위한 기술 지원을 서울시가 비용을 부담해 진행한다.

'정비사업 닥터'는 도덕성과 전문성을 고루 갖춘 전문가로서 해당 구역의 갈등 원인을 파악해 상생할 수 있는 길을 찾아 제시하고, 금융 컨설팅 등 해당 구역 여건에 맞는 지원을 안내한다.

4. 상생토론회 개최

3년 이상 정체된 정비구역은 조합, 시공사, 정비업체 등 이해관계자와 '상생토론회'를 개최해 서로의 애로사항과 입장을 청취해 공공이 지원할 수 있는 방안을 마련하고, 조속히 정상화될 수 있게 지원한다.

5. 조합 운영 실태점검

사업이 지연되는 구역의 지연 원인을 파악해 구역 여건에 맞는 근본적인 대책을 마련하고자 한다. 시범구역 대상지는 5년 이상 장기지연이나 사용비용 과다 또는 복합 갈등 구역 중에서 우선적으로 선정할 계획이다. 사업비 낭비 및 주민 분담금 증가 원인을 꼼꼼히 점검해 예산 집행 기준과 정비사업의 회계처리 기준 등 투명성 제고 방안을 마련하고자 한다.

6. 해제구역에 대한 지원 정책안내와 대안사업 추진

해제구역은 주민이 원하는 경우 다양한 대안사업을 선택할 수 있도록 지원한다. 구체적으로 기반시설·공동이용시설·범죄예방시설 설치, 주택개량 및 관리지원, 공동체 활성화 지원 등 물리적·사회적·경제적 통합재생을 지원하게 된다.

서울시는 2012년에 재건축 해제지역, 뉴타운 존치지역, 다세대 밀집지역, 특성화 지역 등 22개소에서 대안사업을 추진했으며, 2013년에는 해제지역 19개소를 포함한 23개소를 선정했다.

이와 관련해, 지난 9월 마포구 연남동 주거환경관리사업이 처음으로 공공사업을 완료해 주민공동체 중심의 마을 축제를 개최한 바 있으며, 올 연말까지 성북구 장수마을 등 6개소가 추가로 완료돼 대안사업이 본격 가시화될 전망이다.

시범사업을 시작으로 대안사업을 보완·발전시켜 매년 15개소 이상 서울의 지역색이 살아 있고, 주민공동체가 활성화되는 정비사업을 지속적으로 확대 추진할 계획이다.

2013년 10월 31일 발표

정비사업 절차도

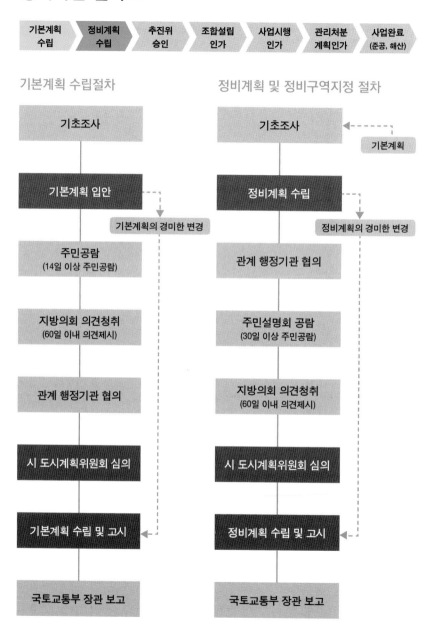

| 기본계획
수립 | 정비계획
수립 | 추진위
승인 | 조합설립
인가 | 사업시행
인가 | 관리처분
계획인가 | 사업완료
(준공, 해산) |

기본계획 수립절차

기초조사

기본계획 입안

└ 기본계획의 경미한 변경

주민공람
(14일 이상 주민공람)

지방의회 의견청취
(60일 이내 의견제시)

관계 행정기관 협의

시 도시계획위원회 심의

기본계획 수립 및 고시

국토교통부 장관 보고

정비계획 및 정비구역지정 절차

기초조사

기본계획

정비계획 수립

└ 정비계획의 경미한 변경

관계 행정기관 협의

주민설명회 공람
(30일 이상 주민공람)

지방의회 의견청취
(60일 이내 의견제시)

시 도시계획위원회 심의

정비계획 수립 및 고시

국토교통부 장관 보고

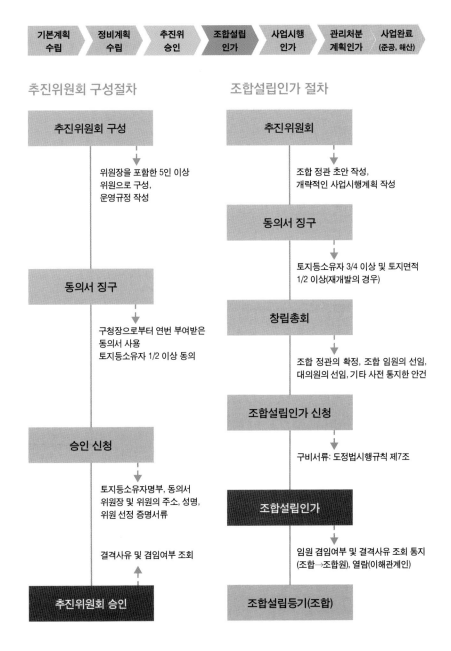

기본계획 수립 → 정비계획 수립 → 추진위 승인 → **조합설립 인가** → 사업시행 인가 → 관리처분 계획인가 → 사업완료 (준공, 해산)

추진위원회 구성절차

추진위원회 구성
↓
위원장을 포함한 5인 이상 위원으로 구성, 운영규정 작성

동의서 징구
↓
구청장으로부터 연번 부여받은 동의서 사용 토지등소유자 1/2 이상 동의

승인 신청
↓
토지등소유자명부, 동의서 위원장 및 위원의 주소, 성명, 위원 선정 증명서류

결격사유 및 겸임여부 조회
↑
추진위원회 승인

조합설립인가 절차

추진위원회
↓
조합 정관 초안 작성, 개략적인 사업시행계획 작성

동의서 징구
↓
토지등소유자 3/4 이상 및 토지면적 1/2 이상(재개발의 경우)

창립총회
↓
조합 정관의 확정, 조합 임원의 선임, 대의원의 선임, 기타 사전 통지한 안건

조합설립인가 신청
↓
구비서류: 도정법시행규칙 제7조

조합설립인가
↓
임원 겸임여부 및 결격사유 조회 통지 (조합→조합원), 열람(이해관계인)

조합설립등기(조합)

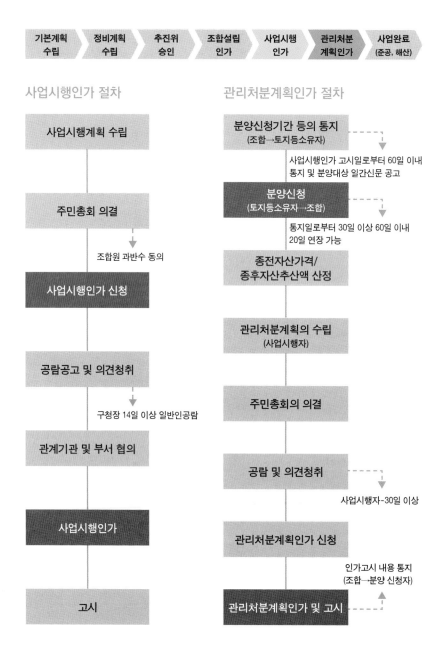

| 기본계획
수립 | 정비계획
수립 | 추진위
승인 | 조합설립
인가 | 사업시행
인가 | 관리처분
계획인가 | 사업완료
(준공, 해산) |

사업시행인가 절차

사업시행계획 수립

↓

주민총회 의결

↓ 조합원 과반수 동의

사업시행인가 신청

↓

공람공고 및 의견청취

↓ 구청장 14일 이상 일반인공람

관계기관 및 부서 협의

↓

사업시행인가

↓

고시

관리처분계획인가 절차

분양신청기간 등의 통지
(조합→토지등소유자)

⇢ 사업시행인가 고시일로부터 60일 이내
통지 및 분양대상 일간신문 공고

분양신청
(토지등소유자→조합)

⇢ 통지일로부터 30일 이상 60일 이내
20일 연장 가능

종전자산가격/
종후자산추산액 산정

↓

관리처분계획의 수립
(사업시행자)

↓

주민총회의 의결

↓

공람 및 의견청취

⇢ 사업시행자-30일 이상

관리처분계획인가 신청

↓ 인가고시 내용 통지
(조합→분양 신청자)

관리처분계획인가 및 고시

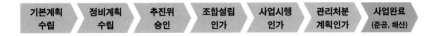

| 기본계획
수립 | 정비계획
수립 | 추진위
승인 | 조합설립
인가 | 사업시행
인가 | 관리처분
계획인가 | 사업완료
(준공, 해산) |

사업완료 절차

착공 신고

분양

준공인가 신청 ----→ 관계부서 협의 및 검토
(필요시 전문기관 검사 의뢰)

준공검사 실시

준공인가 및 공사완료 고시

확정측량 및 토지분할

소유권 이전 및 고시 ----→ 사업시행자 실시
(고시 후 시장에게 보고)

| 신설정비기반시설 무상귀속
(국공유지관리청) | 청산금의 결정
(시행자) | 등기촉탁
(시행자) |
| 용도폐지 정비기반시설
무상 양여 | 청산금의 징수지급 | 조합의 해산
(총회의결) |

분할징수 지급

징수의 위탁
(시행자→시장)

공탁

서류이관
(시행자→시장)

청산법인
(민법)

서울시 주거정비사업 현황도

서울시 구역 수

사업방법	구역 수(개)
재개발	614
재건축	231
도시환경	92
시장정비	4
도시개발	3
도시계획시설	1
합계	**945**

※1973년 12월 구역 지정된 경우부터 2013년
6월까지 조사된 현황

- 뉴타운사업
- 주택재개발사업
- 주택재건축사업
- 도시환경정비사업
- 서울시_하천
- 서울시_행정동

2013년 6월 현재

이 책은 2013년 초 주거정비사업들이 여러 가지 이유로 지지부진한 시기에 기획되었다. 사업성이 좋던 시절에 진행된 사업들과는 달리 현재는 사업 여건이 많이 변화했기 때문에 사업을 하기로 결정한 구역이나 진행하고 있는 구역이나 모두 쉽지 않은 길을 가야만 한다. 사업이 이미 시작된 곳은 대다수 주민들의 소중한 재산을 위해서 사업기간이 불필요하게 길어져서는 안 되고, 또한 공동체의 유지를 위해서 공감대를 형성해 가면서 사업이 나아가야 함에도 불구하고 많은 구역들이 얽힌 실타래를 풀지 못하고 있다. 적어도 주민들 간의 소모적인 갈등만 줄여도 사업성 향상과 공동체의 유지는 가능할 것으로 보였다.

이러한 이유로 갈등해결의 노하우를 공유한다면 좋을 것 같아 갈등을 잘 해결한 사례들을 찾기 시작했고, 그 과정에서 갈등 해결 외에도 사업 진행에 영향을 끼치는 중요한 요소들도 함께 공유하는 것이 좋을 것 같아 주제를 확대했다. 부분적으로 실패남노 포남해 비슷힌 이려욺을 겪고 있는 조합들에게 도움을 주고자 했다.

이러한 경험들을 공유하는 방법을 고민하던 중 책으로 발간하기로 결정했다. 다큐멘터리 형식의 영상도 고려했지만 제작여건의 한계와 복잡한 주제의 특성을 고려해 책으로 결정하게 되었다. 인터뷰 방식으로 책이 구성되어 있어 당사자나 혹은 해당 조합만의 이야기로 비춰질 우려가 있다고 판단되었지만, 유사한 문제로 고민하거나 비슷한 사업 단계에 있는 주민들에게 전달하는 방법으로는 효과적인 방식이라 판단했다.

우선 주민들이 경험한 사업과정에 대해 들어 보고자 했다. 구청에서 혹은 전문가들로부터 사례를 추천 받은 후 조합 사무실로 찾아가서 주로 조합장이나 임원들을 인터뷰했다. 공공에서 직접 조합 사무실을 찾아가서 주민들의 이야기를 들어 보는 것은 흔히 있는 일은 아니다. 처리할 업무가 많은 공무원들로서는 사실 그럴 여유가 없는 것이 현실이다. 간혹 자신들이 공공에 하고 싶은 이야기만 하는 경우도 있었지만 대부분 책의 취지를 잘 이해해 주었고 주거정비사업을 추진하는 후배들을 위해 아낌없이 경험을 이야기해 주었다. 몇 시간씩 쉬지도 않고 진행된 인터뷰들을 정확하게 잘 정리하기 위해 노력했고, 완성된 원고는 인터뷰 당사자들의 확인과 게재 승낙 과정을 거쳤다.

책의 구성은 주거정비사업 순서에 따라 정리했다. 인터뷰 내용을 구역에 따라 편집하는 것과 주제에 따라 편집하는 것을 모두 검토하였으나, 최종적으로 주제에 따라 재편집했다. 사업 순서에 따라 정리될 수 없는 내용도 있고 사업의 전 과정에 해당되는 내용도 있지만 크게 시간의 순서로 주제에 따라 분류하는 원칙을 지키고자 했다. 추진위원회 구성과 조합설립 단계, 사업시행인가와 관리처분계획인가, 이주·공사·청산 단계로 크게 나누었고, 마지막 장에서는 사업에 관계된 사람들의 의견을 모아 보았다.

일반 주민들의 눈높이로 이야기를 쓰고자 했지만 조합 집행부의 경험 수준은 일반인들보다는 전문적인 수준이어서 주민들 중에는 다소 생소할 수 있는 내용도 있으리라 생각된다. 하지만 조합원이라면 자신의 권리와 의무를 잘 알기 위해 노력해야 하기에 조합 집행부의 경험들을 공유할 필요가 있다고 생각한다.

좋은 사례의 전파는 공공관리의 다양한 측면 지원의 한 방식이 될 것으로 믿는다. 서울시가 공공관리제로 사업구역을 지원하고 있지만 주민들이 원하는 도움을 주기 위해서는 앞으로도 해야 할 일들이 너무 많다. 많은 사람들이 들려준 다양한 이야기들은 공공관리제 보완을 위한 소중한 의견이 될 것이다.

다시 한 번 인터뷰에 응해 주신 많은 분들과 관련 전문가들에게 진심으로 감사의 말을 전하며, 주거정비사업의 올바른 방향을 고민하는 사람들 모두에게 스스로 '누구를 위한 사업인가'를 성찰할 수 있는 계기가 될 것이라 믿는다.

:: 도움을 주신 분들 ::

조합(차례순)

- **마포구 현석제2주택재개발구역**

  최광웅 조합장 / 지성진 총무이사/ (주)신한피앤씨 이 섭 차장

- **성북구 정릉·길음제9주택재개발구역**

  김정문 조합장 / 장현철 총무이사 / 한국씨엠개발(주) 김병춘 대표이사

- **마포구 상수제1주택재개발구역** 정연우 조합장 / 정윤희 총무이사

- **중랑구 면목제2주택재건축구역** 조일환 조합장

- **서대문구 가재울뉴타운제2재정비촉진구역** 최승길 전 총무이사

- **구로구 개봉제1주택재건축구역** 조득희 조합장 / (주)벤처빌 알엠씨 김준서 이사

- **동대문구 휘경제2주택재개발구역** 허기출 전 조합장 / 이도영 전 감사

- **송파구 풍납우성아파트주택재건축구역** 엄기성 조합장

- **양천구 신정1재정비촉진1-1주택재개발구역** 연제복 조합장 / 한영숙 총무

- **은평구 불광제6주택재개발구역** 김인수 청산법인 대표

- **성북구 길음제8주택재개발구역**

  정용식 청산법인 대표 / 신재만 청산법인 총무이사

- **성동구 행당제5주택재개발구역**

  민성호 청산법인 대표 / 이스퀘어인터내셔널 연제환 차장 / 이미넷 김소연 과장

- **서초구 반포주공1단지(1,2,4주구)주택재건축구역**

  오득천 조합장 / ㈜ 신한피앤씨 양혁중 차장 / ㈜동우씨앤디 고창립 대표이사

- **마포구 용강제2구역주택재개발구역**

  배윤갑 조합장 / 박상수 사무장 / 송은정 금성건축 소장

332

서울시 자치구 공무원

- **마포구청** 주택과 강호윤 주무관
- **중랑구청** 주택과 박동현 주무관
- **구로구청** 조기술 도시관리국장 / 백종은 주택과장
- **동대문구청** 건축과 구필서 주무관
- **동대문구청** 주택과 김현철 주무관
- **은평구청** 자치행정과 이병해 팀장
- **성북구청** 주거정비과 라전희 주무관
- **강동구청** 부동산정보과 권혁자 과장 / 이동민 주무관
- **강동구청** 주택재건축과 이현덕 과장
- **송파구청** 주거정비과
  유병홍 과장 / 배연윤 팀장 / 이상욱 주무관 / 오용환 주무관 / 박강덕 주무관
- **강서구청** 도시계획과 김태용 팀장

서울시 공무원

- **주거재생과** 이순하 팀장
- **주거재생과** 임우진 팀장
- **재정비과** 고세근 전 팀장

관련 전문가

- **시공사** 동부건설 주택영업부 오찬종 팀장
- **도시계획가** 장남종 서울연구원 연구위원
- **심의위원** 이광환 해안건축 소장
- **건축가** 아키플랜 이종길 대표이사
- **공인회계사** 김종화 한아름세무회계컨설팅 대표

주민에게 듣다

사람 중심의 서울시 뉴타운·재개발 이야기

ⓒ 서울시 주택정책실, 2014

지 은 이

발행 총괄 서울특별시 시장 박원순
기획 서울특별시 주택정책실장 이건기
　　　서울특별시 주거재생정책관 진희선
　　　서울특별시 주거재생지원과장 배경섭
　　　서울특별시 주거재생지원센터장 이주원
취재·집필 서울특별시 주거재생지원센터 임은영
집필 자문 서경대학교 도시공학과 교수 이승주

이 책의 내용에 대한 의문사항이나 의견은 아래로 문의하시기 바랍니다.

주소 서울특별시 중구 세종대로 110 서울시청 3층 주택정책실
전화 02) 2133-1589
팩스 02) 2133-1077
서울시 홈페이지 www.seoul.go.kr
간행물 발간등록번호 51-6110000-000774-01
서울시 발간등록번호 주거재생 1021-2

펴낸이 김종수
펴낸곳 도서출판 한울
편집 양선희
디자인가이드 이희영
표지와 본문 디자인 나선유

초판 1쇄 인쇄 2013년 12월 24일
초판 1쇄 발행 2014년 1월 10일

주소 413-756 경기도 파주시 광인사길 153 한울시소빌딩 3층
전화 031) 955-0655
팩스 031) 955-0656
등록번호 제406-2003-000051호

Printed in Korea
ISBN 978-89-460-4809-6 03530

*책값은 겉표지에 표시되어 있습니다.